EAUX MINÉRALES

DE

CONTREXÉVILLE,

ANNÉES 1854—55—56,

RAPPORT ET ÉTUDE,

PAR

Le Docteur V. BAUD,

ANCIEN INTERNE DES HÔPITAUX DE PARIS,
EX-CHIRURGIEN EN CHEF DES HÔPITAUX CIVILS D'ALGER,
AUTEUR DE TRAVAUX ACADÉMIQUES
SUR LES MALADIES DE FEMMES, SUR LES FIÈVRES, ETC.

NEUFCHATEAU,
IMPRIMERIE-LIBRAIRIE DE V. BEAUCOLIN.

1857.

EAUX MINÉRALES

DE

CONTREXÉVILLE,

ANNÉES 1854—55—56,

RAPPORT ET ÉTUDE,

PAR

Le Docteur V. BAUD, inspecteur.

NEUFCHATEAU,
IMPRIMERIE-LIBRAIRIE DE V. BEAUCOLIN.

1857.

AVANT-PROPOS.

L'établissement hydriatrique de Contrexéville est tout entier dans son unique source d'eau froide, dont une subdivision alimente quelques modestes appareils balnéaires, très secondaires adjuvants d'un traitement sans autre appareil qu'un verre, sans autre variation que le chiffre d'eau bue par chaque malade.

Il m'est donc impossible, quel que soit mon désir de masquer notre par trop primitive simplicité, il m'est impossible, dis-je, de combler avec ce néant les vastes colonnes du modèle officiel de rapport qui nous est adressé tous les ans par l'Académie impériale de médecine. Qu'il me soit permis de choisir un moindre cadre, que je m'engage à remplir de tout ce qui intéresse ici l'administration ou la science.

I

Renseignements généraux.

Le village de Contrexéville, au centre duquel est situé l'établissement, forme une commune de 700 habitants.

Il ressort du canton de Vittel, de l'arrondissement de Mirecourt, du département des Vosges.

Deux sources d'eaux minérales, distantes de deux cents mètres environ, peu différentes dans leur composition, alimentent, l'une la buvette, l'autre les bains et les douches.

Elles sont désignées par les noms de *Source du Pavillon*, *Source des Bains*.

1° CARACTÈRES PHYSIQUES. — Complétement identique à ce point de vue dans les deux sources, l'eau de Contrexéville offre une température invariable de 12 degrés centigrades. Elle est d'une parfaite limpidité, que n'altèrent en rien les variations de volume que je mentionnerai plus bas. Sa saveur, légèrement amarescente d'abord, puis atramentaire, se développe ou s'amoindrit parallèlement à ces variations de volume; elle est, en outre, très diversement perçue par les buveurs ou par le même buveur à différentes époques, selon l'état de la muqueuse buccale; elle exhale une très légère odeur martiale. Du griffon de la Source des Bains et de la vasque où tombe la Source du Pavillon, il s'échappe une certaine quantité de bulles gazeuses éparses.

Au fond même de ses bassins de réception et dans son parcours au dehors, elle laisse un dépôt qui adhère aux corps en contact avec elle et se réunit à sa surface en une sorte d'écume diffluente. Après quelque temps de son exposition à l'air et sous l'action de la lumière, elle se recouvre d'une légère pellicule irisée, onctueuse et transparente ou blanchâtre et cristalline.

Quand on la chauffe à l'air libre, elle ne tarde pas à se couvrir d'une multitude de cristaux transparents, en forme d'écailles, et prend, à mesure qu'elle s'évapore, une teinte laiteuse jaunâtre.

2° CARACTÈRES CHIMIQUES. — Elle est sans action sur la teinture de tournesol; elle verdit le sirop de violettes. Les diverses analyses qui en ont été faites successivement par Bagard, par Nicolas, par le professeur Fodéré, par Collard de Martigny, puis par M. Ossian Henry, chef du laboratoire de l'Académie impériale de médecine, présentent entre elles une remarquable analogie. Je me bornerai à donner la dernière, de toutes la plus complète et celle qui est le plus en rapport avec les progrès récents de l'analyse chimique.

Composition chimique pour un litre.

			SOURCE DU PAVILLON.		SOURCE DES BAINS ET DU QUAI.	
				litres		
PRINCIPES VOLATILS		Acide carbonique libre	0,019			
		Azote avec un peu d'oxigène	(*indéterminé*).			
				grammes		
PRINCIPES FIXES	Bicarbonate	de chaux	0,675			0,940
		de magnésie	0,220			
		de soude anhydre	0,197			0,160
		de fer et de manganèse	0,009			
		de strontiane sans doute	(*indices*).			
	Sulfates anhydres	de chaux	1,150			1,260
		de magnésie	0,190			0,340
		de soude	0,130			
		de potasse	(*traces*).			
	Chlorures	de sodium et de potassium	0,140			0,140
		de magnésium	0,040			
	Iodure Bromure	alcalins ou terreux	(*indices légers*).			*traces.*
	Silicate	Silice, Alumine	0,120		Fer et manganèse évalués	0,005
	Azotate		(*indices*).		Silice	0,310
	Phosphate de chaux ou d'alumine		0,070		Alumine	
	Matière organique azotée de l'humus				Sel de potasse	
	Principe arsénical uni au fer sans doute				Phosphate	
	Nickel et cobalt ??				Matière organique et perte	
	Perte					
Principes minéralisateurs fixes			2,941	(1) 1,000	TOTAL	3,155
Eau pure			997,059			

(1) En portant les bicarbonates à l'état de carbonates simples, on a 2,61 pour résidu des principes fixes.

Je me bornerai à donner ici sans commentaire l'analyse de l'eau de Contrexéville, me réservant d'y revenir plus tard.

3° CLIMATOLOGIE. — Une étroite vallée, ouverte du midi au nord, sur laquelle s'embranche une vallée latérale, ouverte à l'ouest, recèle dans son bas-fond le village de Contrexéville et l'établissement qui en occupe à peu près le centre.

La vallée principale, inclinée du midi au nord, est parcourue dans ce sens par le ruisseau du Vair, que vient grossir le ruisseau de Suriauville, versé par la vallée latérale ; tous deux, réunis au centre des jardins de l'établissement et accrus des eaux surabondantes de la Source des Bains et de celle du Pavillon, constituent en grande partie les limites des terrains consacrés aux usages hydriatriques ; tous deux, le Vair surtout, issus de terrains argileux et très variables dans le volume de leurs eaux, laissent une partie de leurs lits à découvert pendant les sécheresses, et deviennent troubles et torrentueux aux époques de longues pluies.

Les deux côteaux, qui à l'est et à l'ouest limitent la vallée, s'élèvent par une pente assez rapide, d'un parcours moyen de deux cents pas, vers le plateau supérieur occupé par des terres arables et par des forêts d'une grande étendue.

Le sol, sur lequel reposent les habitations et spécialement l'établissement, est constitué à une profondeur de plusieurs mètres par des sédiments d'alluvion superposés à des nappes d'eau qui les infiltrent jusqu'à une petite distance de la surface du sol.

Les fontaines, qui servent aux usages de la population et qui ne sont que des émonctoires des sols supérieurs, se troublent en général en temps de pluie et tiennent en suspension des matières alumineuses.

Les rues du village, abandonnées au désordre spontanné d'un terrain argileux, sans pentes ni naturelles ni artificielles, s'abreuvent des purins que suintent les fumiers entassés devant les habitations.

Rarement les vents soufflent avec force dans la vallée de Contrexéville; celui d'ouest y est le plus fréquent et dérive du nord bien plus souvent que du sud.

En raison de son élévation barométrique (350 mètres environ au dessus du niveau des mers), de sa proximité de la chaîne des Vosges, de la nature même de son sol, ce pays est généralement froid et humide.

4° CONSTITUTION MÉDICALE. — Pour ceux que le soin de leur santé retient le court espace d'une cure de vingt et un jours, et cela pendant la belle saison, sous l'influence des conditions climatériques que je viens de décrire, il ne peut en découler d'autres conséquences que l'observance rigoureuse d'une hygiène relative que j'indiquerai plus bas.

Quant à la population permanente, son bilan sanitaire porte l'empreinte non équivoque de ces mauvaises conditions climatériques et hygiéniques ; je dis non équivoque, car au point de vue de l'alimentation et de l'emménagement des habitations, le cultivateur de ces contrées est bien plus favorisé que ses confrères de la plupart de nos contrées rurales.

Voici, du reste, les espèces pathologiques congéniales ou accidentelles qui se font le plus spécialement observer.

Le goître est très fréquent et n'épargne pas complétement la population masculine.

Le crétinisme entache un certain nombre de sujets de stigmates reconnaissables, quoique partiels. L'albinisme même n'est pas rare.

L'élément strumeux joue un grand rôle dans la majeure

partie des affections de l'enfance et de l'adolescence. De nombreuses tumeurs blanches se font observer, pour la plupart d'origine idiopathique.

La phtysie tuberculeuse est néanmoins très rare, bien plus rare qu'on ne serait fondé à le présumer. Les jeunes filles, pour la majeure partie, n'obtiennent leur puberté qu'aux prix des dangers et des misères d'une longue chlorose.

Sur une population adulte de près de six cents habitants, peut-être serait-il difficile d'en trouver un seul complétement vierge d'habitudes rhumatismales.

Le rhumatisme sacro-lombaire, en particulier, est tellement endémique qu'il a sa dénomination locale (élaudure). Très fréquemment, il gagne les régions sciatiques, où il revêt une telle opiniâtreté qu'il passe presque toujours des mains du médecin à celles de l'empirique, quand il n'a pas débuté par-là.

Par contre, et peut-être par suite, le cadre des affections aiguës est très restreint.

En cinq années d'exercice, j'ai vu nombre de fois les fièvres typhoïdes prendre la forme épidémique dans les villages voisins, et jamais ici je ne les ai observées que comme fait isolé, rarement même très grave. La rémittence est le type pyrétique le plus habituel ; mais les affections intermittentes sont extrêmement rares.

II

Description de l'Établissement.

Deux sources, à peu près identiques de composition, défraient, je l'ai dit, toute la matière médicale de Contrexéville. Je vais en indiquer successivement l'emménagement.

1° SOURCE DES BAINS. — Elle jaillit de trois points isolés, mais presque contigus, du fond et des parois d'une légère dépression du sol. Sans abri contre les accidents atmosphériques, incomplétement séquestrée par un fond de tonneau des couches argileuses qui lui livrent passage, souillée par les débris des arbres et arbustes qui l'avoisinent, cette source subit toutes les variations, toutes les pollutions des hazards auxquels elle est vouée.

Une pompe aspirante et foulante, manœuvrée par un homme, élève cette eau dans deux réservoirs, installés au premier étage d'un bâtiment dit des Bains. L'un de ces réservoirs reçoit directement l'eau à sa température native ; elle n'arrive au second qu'après avoir été chauffée dans une chaudière ad hoc.

Le premier de ces réservoirs n'offre rien de particulier que les deux vices essentiels que je vais signaler : tout en surface et sans profondeur, d'une part ; de l'autre, situé à peine à trois mètres au dessus de la chute des douches, il n'imprime à celles-ci qu'une faible impulsion, qu'une force de projection insuffisante dans beaucoup de circonstances.

La chaudière destinée à la caléfaction des bains et des douches remplit bien plus imparfaitement encore cette importante destination. Béante à l'air libre, rustiquement chauffée par un fourneau en briques, dans lequel elle est encastrée, elle s'incruste rapidement d'épaisses couches de sels originairement solubles, passés à l'état insoluble du fait d'un maniement aussi inintelligent, aussi peu respectueux de leurs sympathies et de leurs antipathies chimiques.

Quel fer, quelle chaux, pourraient en effet garder leur solubilité en face d'une suroxidation tellement agressive, d'une aussi radicale expulsion du gaz libre ou combiné qui constitue leurs meilleurs titres de solubilité? Or, nul ne doute de l'importance du rôle thérapeutique de l'un de ces agents, et j'espère exonérer le second de l'état de suspicion où il est généralement tenu. La caléfaction en vase clos et par un serpentin de vapeur suffirait à peine à ménager de telles susceptibilités chimiques, et l'Inspecteur s'est fait un devoir d'implorer, entre autres améliorations, celle-ci ; mais à Contrexéville, moins qu'ailleurs, s'il règne, il ne gouverne pas.

Inodore ou d'une légère odeur martiale dans son état normal, l'eau, traitée comme je viens de le dire, exhale souvent une odeur hydrosulfureuse très sensible. En face de cette sensation bien précise, et quoique des essais incomplets par les réactifs ordinaires ne m'aient pas permis de constater positivement la présence du soufre, il y a lieu de se demander si, chauffées au contact des matières organiques accidentelles, tenues en suspension dans l'eau, les sulfates de chaux qui y abondent ne subissent pas un dédoublement qui les transformerait partiellement en sulfures.

Huit baignoires en zinc, installées dans autant de cabinets, deux douches descendantes et une ascendante constituent les ressources balnéaires de Contrexéville.

Bien plus abondante que ne l'exige un service aussi restreint, la Source des Bains pourrait être heureusement utilisée pour la création facile et peu dispendieuse d'une piscine, légèrement chauffée par un serpentin de vapeur émané d'un générateur commun aux bains et aux douches. Ce réservoir, sur le fond duquel se déposerait incessamment un limon ferrugineux, ne pourrait manquer d'offrir de puissantes ressources thérapeutiques.

2° SOURCE DU PAVILLON OU DE LA BUVETTE. — Elle est abritée par un pavillon octogone en bois, ouvert à l'est et à l'ouest sur deux galeries semi-circulaires, destinées aux promenades à couvert des buveurs; au nord et au midi sur deux jardins destinés aussi à la promenade.

Un puits cimenté, d'une profondeur de 13 mètres, séquestre cette source des terrains meubles à travers lesquels elle se fait jour. Ce puits est recouvert d'un bloc de pierre qui en ferme hermétiquement l'entrée; le trop plein s'échappe par une ouverture située au niveau du sol, dans la proportion, variable, comme je vais le dire, de soixante-dix-huit litres à la minute. L'eau tombe dans une vasque en pierre, et de là dans le canal de décharge, qui va la mêler à quelques pas plus loin avec les eaux du Vair. Dans tout ce parcours à l'air libre, il se dépose sur les fonds une abondante matière ocracée; et là, où elle ralentit son cours par la disposition des lieux, l'eau se recouvre, en outre, d'une écume grasse au toucher, distendue par des bulles de gaz, formée surtout de matière organique, colorée par la matière ocreuse.

Construit par les soins de l'abbé de Bouville, qui avait trouvé à la source de Contrexéville une guérison définitive après plusieurs récidives de la pierre, le puits garde intactes et invariables la limpidité et la température de la source : pourquoi n'en est-il pas ou n'en est-il plus de même du volume de l'eau? Variable dans des limites assez étendues, et parallèle aux phases de sécheresse et d'humidité de l'atmosphère, la source présente ainsi une fâcheuse instabilité du quantum de sa minéralisation.

Tandis que le 6 juin 1852, M. Ossian Henry trouvait pour un litre d'eau évoporée 3,185 de matières solides, je n'en ai obtenu, moi, d'une même quantité d'eau évaporée, que 2,60, le 20 juin 1856. La première de ces analyses coïncide avec une époque de sécheresse prolongée; la deuxième a été faite dans des conditions opposées. Les conséquences pratiques que fait présumer à priori cette variabilité se constatent, en effet, à l'usage. Plus excitante, plus astringente, plus agressive en quelque sorte à ses époques de concentration, l'eau minérale de Contrexéville exerce alors sur les organes une action sensiblement plus énergique qu'aux époques où elle est plus diluée, plus étendue en quelque sorte; et le médecin qui dirige les malades à la source doit faire une grande part dans le quantum et dans le quomodo de ses prescriptions aux variations que je viens de signaler. Bagard, Thouvenel et Mamelet, les seuls médecins qui aient publié leurs observations sur Contrexéville, n'ayant fait aucune mention de cette importante circonstance, on est autorisé à penser qu'elle est d'origine récente et qu'elle est purement accidentelle. Il serait donc urgent de s'assurer, par une exploration attentive et discrète, de l'état de conservation du puits, si les eaux du Vair, distant seulement de quelques mètres, n'arriveraient pas par filtration jusqu'au réservoir de la source à ses époques de renflement.

Le pavillon protecteur de la buvette s'ouvre, ai-je dit, sur des galeries et sur des jardins destinés aux promenades des buveurs ; à ce dernier titre, galeries et jardins méritent de fixer un instant notre attention.

Les premières, élégamment disposées en arcade, sainement pavées en bitume, gracieusement encadrées par le frais paysage du parc, pourraient devenir plus hygiéniques, sans cesser d'être aussi poétiques, si leurs arcades fermées par des vitrages les défendaient de l'invasion des courants d'air, dangereux partout, et là spécialement, où ils sont le plus souvent froids et humides.

Grâce surtout aux beaux arbres qui s'y développent avec une remarquable puissance, les jardins offrent un riant paysage, animé et rafraîchi par les deux petites rivières qui les limitent et les traversent ; la partie située au nord du pavillon de la source et qui est surtout affectée aux promenades des buveurs pendant la séance hydriatrique, gagnerait à être dégagée des massifs trop nombreux et trop touffus qui y entretiennent, les matins surtout à l'heure du traitement, trop de fraîcheur et d'humidité.

Depuis deux ans, par une heureuse innovation qui sert de correctif à toutes ces fâcheuses conditions de température fréquemment froide et humide, un parloir clos et chauffé a été mis à la disposition des buveurs à l'heure et sur le lieu même des exercices hydriatriques.

Des retraites dissimulées leur sont en outre ménagées à peu de distance de la source, pour les fréquents pèlerinages d'urgence auxquels elle les oblige.

Je crois devoir compléter cette minutieuse description de toute la partie de l'établissement destinée au traitement des malades, par quelques détails sur la mise en bouteilles et le bouchage de l'eau minérale destinée à être transportée au dehors. Je le ferai avec d'autant plus de soin qu'il est urgent, et je le crois possible, de remplir le désidératum laissé jusqu'ici entre ces deux propositions de notoriété publique : l'eau de Contrexéville est inimitable ; l'eau de Contrexéville transportée, perd en partie sa valeur.

L'opération de l'emplissage des bouteilles se pratique sans autre soin que celui de présenter ces bouteilles sous le jet de la source ; elles sont ensuite bouchées à l'aide d'une machine à pression ; les bouchons sont mouillés au moment même ou peu de temps avant leur emploi ; ils reçoivent postérieurement un goudronnage destiné surtout à recevoir le cachet de l'établissement.

Si on se rappelle que l'eau qui nous occupe contient une quantité d'acide carbonique libre, prompte à s'échapper à l'air sous forme de bulles, que les bi-carbonates de chaux et de fer jouent un rôle important dans sa minéralisation, on ne pourra que regretter, d'une part, cette agitation à l'air libre d'une eau ainsi constituée ; d'autre part, cette déperdition de gaz, qu'il serait facile d'amoindrir par de simples précautions ou même d'empêcher par l'emploi de l'appareil proposé naguère à l'Académie impériale de médecine, par M. Ossian Henry, pour le puisement simultané de l'eau et des gaz à l'abri du contact de l'air. Là n'est pas l'unique cause de la soustration du fer et de la chaux passés à l'état insoluble ; le tannin du liége, en contact avec l'eau de la bouteille, exerce sur elle la plus active de ses affinités, lui enlève le fer qu'elle retient encore, et se revêt à sa surface de contact d'une couche noire non équivoque.

La facile saturation du liége par son immersion dans une solution ferrugineuse ou par son séjour prolongé dans l'eau minérale elle-même, ferait disparaître cette seconde cause d'altération.

Statistique des années 1854—1855—1856.

N.-B. — Privé des documents, que seul pourrait me fournir une administration locale peu communicative, je ne puis donner que des chiffres approximatifs, que je m'efforcerai de rendre le moins inexacts possible.

ANNÉES	ÉTRANGERS VENUS AUX SOURCES.	BAINS DONNÉS.	DOUCHES	DURÉE DU SÉJOUR.	PRODUIT DE LA FERME.	DÉPENSES FAITES DANS LE PAYS.
1854	payants 100 gratuits 1	500	100		6,000f	15,000f
1855	payants 240 gratuits 2	580	150	21 jours.	9,000f	36,000f
1856	payants 250 gratuits 2	640	200		10,000f	37,500f

Je crois devoir ajouter à cette statistique les annotations suivantes :

L'année 1854 offre des chiffres relativement inférieurs : l'invasion du choléra à Contrexéville, dès les premiers jours de juillet, explique cette lacune. Les vices importants que j'ai signalés dans la description des bains et des douches ont pour corrélatifs les chiffres insignifiants de ces deux articles. Outre les produits spécifiés dans ces colonnes, la vente annuelle de 25,000 bouteilles d'eau minérale grossit les revenus de la ferme d'un bénéfice net de 7,500 fr., que je crois devoir mentionner.

RENSEIGNEMENTS MÉDICAUX.

En décrivant l'établissement de Contrexéville, j'en ai humblement confessé les désidérata ; j'en ai avoué les chiffres plus que modestes ; c'est pourtant de cette source, que je lui recommandais, que l'un de nos plus éminents urologistes portait naguère ce consolant témoignage : « Je ne connais au monde de sources sérieuses que celle de Contrexéville : on en revient toujours soulagé ou guéri. » C'est sous l'impression des mêmes idées, et ne pouvant trouver dans sa reconnaissante admiration de meilleures raisons de l'abandon où elles sont laissées, que le spirituel collaborateur de l'un de nos grands journaux s'écriait : « Comment ! il n'y en France que cela de vessies malades ! » Appliquées à la banalité d'une foule d'eaux minérales *incertæ sedis,* ces exclamations ne pourraient être sérieusement reproduites par le médecin-inspecteur ; aux sources de Contrexéville, elles ne sont que vraies, à condition de leur donner pour limites les propriétés notoires et spéciales de leurs eaux. C'est ce que je vais m'efforcer de faire, après avoir jeté un rapide coup-d'œil sur le petit nombre de travaux scientifiques dont elles ont été l'objet.

Les sources de Contrexéville, fréquentées de longue date par les malades de la contrée voisine, furent pour la première fois, en 1760, signalées à l'attention des hommes de la science, par Bagard, premier médecin ordinai… roi Stanislas. Le mémoire qu'il lut au collége royal des médecins de la ville de Nancy, dont il était président, est empreint de sa vive et sincère admiration pour ces bienfaisantes eaux, qu'il recommande à la protection spéciale du bon roi Stanislas.

L'analyse chimique qu'il en donne est surtout un spécimen curieux des errements de la science contemporaine. L'eau de cette fontaine, dit-il, qu'on pourrait, à juste titre, surnommer savonneuse et saxifrage, contient un sel acide particulier et une petite portion de sel alcali minéral volatil, unis et liés avec une subtance bitumineuse et une substance savonneuse ; elle renferme un léger safran de mars, qui se tient aisément en dissolution dans ce liquide.

Suivent de nombreuses observations médicales, dont voici les principales déductions tirées par mon auteur lui-même.

« Les eaux de Contrexéville, en général, sont très favorables aux maladies des nefs. Elles détergent, consolident les ulcérations internes et externes. Elles ont guéri les maladies de la peau les plus rebelles et les plus invétérées.

» Elles sont bonnes pour prévenir les retours de la goutte, en rétablissant la souplesse des nefs et des parties membraneuses desséchées par l'humeur de la maladie.

» Elles conviennent dans les cas de ce vice de la lymphe que caractérise une acrimonie scrofuleuse.

» Elles sont souveraines dans les maladies des reins, des urétères, de la vessie et de l'urètre : telles que la pierre, la gravelle, les glaires, les suppurations, les ulcères de ces parties et les carnosités de l'urètre. Nous osons avancer, dit l'auteur, sur des témoignages non équivoques, que les eaux de Contrexéville sont souverainement efficaces contre la pierre, qu'elles détachent et font sortir de la vessie quand elle n'est que d'une grosseur médiocre, qu'elles ont la propriété de dissoudre en fragments, quand elle est plus grosse et d'une nature plâtreuse et graveleuse, voire-même en partie plâtreuse et en partie graveleuse et murale.

« Comme ces eaux contiennent des parties ferrugineuses, un acide minéral et du savon, elles seront très utiles dans le cas d'épaississement de la bile et dans les obstructions du foie ; avec d'autant plus de raisons que ces eaux ont quelquefois la vertu purgative.

» Nous avons mis dans un vaisseau de verre rempli d'eau de Contrexéville treize pierres animales, de la grosseur d'un bon pois chacune, dures et solides ; elles sont restées en macération sur la cheminée, pendant trois jours, sans rien perdre de leur dureté ; mais le quatrième, elles ont commencé à s'amollir sur leur surface et à se séparer en fragments ; ces fragments se sont divisés et dissous, et les pierres se sont réduites en graviers. Il suit de cette expérience que l'injection de l'eau minérale dans la vessie serait une liqueur naturelle dissolvante du calcul dans ce viscère. »

Quatorze ans plus tard, Thouvenel fut chargé d'une nouvelle étude des eaux de Contrexéville, par Rollin, inspecteur général des eaux minérales du royaume. Son analyse diffère peu de celle de Bagard. Comme ce dernier, il signale, entre autres éléments minéralisateurs, une matière bitumineuse, qu'il dit être analogue au succin et dont il n'est plus fait mention dans les analyses postérieures de Nicolas, de Fodéré, de Collard de Martigny et de M. Ossian Henry.

« Les eaux de Contrexéville sont, dit-il, éminemment

diurétiques et dissolvantes; elles ont l'avantage de parvenir à la vessie sans avoir éprouvé d'altérations sensibles, ce qui, outre la quantité considérable et la grande promptitude avec laquelle elles y arrivent, semble prouver qu'elles y sont portées par d'autres voies que celle de la circulation générale. »

Il s'est assuré, par de nombreuses expériences, que les calculs se dissolvent ou se divisent bien plus promptement et plus complétement dans l'eau de Contrexéville que dans l'eau ordinaire. Un certain nombre de ces concrétions restent réfractaires, dit-il, et cette résistance dépend moins de leur nature chimique que de leur plus ou moins grande cohésion.

« Dans les cas où il nous est donné de prévenir la formation des pierres ou leur accroissement, ce ne peut être qu'en fournissant aux urines un véhicule aqueux, capable d'empêcher la réunion et la congestion des matières calculeuses, graveleuses ou glaireuses, soit en en opérant la dissolution, soit en en procurant l'expulsion. Ces propriétés diurétiques et apéritives d'une eau paraissent dépendre d'un degré de salinité médiocre en deçà et au-delà duquel elles changent ou diminuent. »

Mamelet, observateur sincère et consciencieux, résumant les fruits d'une pratique de plus de trente années dans un Mémoire plein de faits d'une haute valeur, se résume dans les proportions suivantes :

« Les eaux de Contrexéville sont souveraines dans les affections graveleuses et calculeuses des reins et de la vessie; elles détachent les couches externes de ces corps étrangers, les divisent et les entraînent avec une énergie remarquable par les voies naturelles.

» Elles guérissent les catarrhes des voies digestives et génito-urinaires, et quand ces affections ont un principe métastatique, elles rappellent et rétablissent les évacuations supprimées ou diminuées.

» Leur action est évidente dans la goutte, dont elles éloignent et affaiblissent complétement les accès. Plusieurs goutteux semblent radicalement guéris.

» Elles sont très favorables aux personnes disposées aux affections cérébrales ou déjà atteintes de ces maladies.

» A l'extérieur, elles sont d'une efficacité marquée, soit en douches, soit en injection dans le catarrhe de la vessie, du rectum et du vagin.

» Elles favorisent la cicatrisation des vieux ulcères, et surtout de ceux entretenus par les vices dartreux, scrofuleux ou vénériens.

» Elles sont un très bon collyre dans l'ulcération des paupières.

III

Action physiologique.

De cette étude seule doit ressortir la caractéristique d'une eau minérale ; l'analyse chimique et l'observation clinique peuvent bien fournir, l'une à priori, l'autre à postériori, des inductions analogiques, plus ou moins probables ; mais la notion précise des mouvements déterminés dans nos organes par cet agent constant et invariable, quoique complexe, peut seule donner des bases aussi certaines que rien de ce qui est médical au choix et à la pratique d'une eau minérale. Appliquer à une indication bien comprise un modificateur bien connu, tel est, en résumé, le critérium de la médecine agissante et spécialement de la pratique de chaque eau minérale en particulier.

Je dirai d'abord des fonctions générales, puis des fonctions particulières, comment elles sont modifiées par l'usage de l'eau de Contrexéville, bue à sa source.

1° FONCTIONS GÉNÉRALES.

A. CIRCULATION. — Le premier phénomène que produit l'ingestion de cette eau, à dose médicamenteuse, est une suractivation de l'action du cœur et des gros vaisseaux, portée parfois jusqu'aux palpitations.

Les vaisseaux périphériques éprouvent un mouvement contraire qui se traduit par de la pâleur et par un sentiment de froid. Ce second phénomène fait assez promptement place à une excitation non moins vive de la circulation capillaire que de celle des gros vaisseaux. Cette sthénisation est bien le fait de l'action dynamique de l'eau et nullement la conséquence accidentelle de la distension de l'estomac par la grande quantité du liquide ingéré, car elle est indépendante de cette quantité, et se fait le plus souvent observer dès les premiers verres, et va décroissant, au lieu de croître, à proportion que le malade élève sa ration d'eau.

B. INNERVATION. — Excitation et sthénisation, tels sont aussi les effets produits, d'une part, sur l'appareil cérébro-spinal, de l'autre sur tout le système ganglionnaire; je dirai *passim*, à propos des divers mouvements organiques, en quoi consiste cette dernière excitation : je veux seulement spécifier la première.

Incertaine et même très contestable dans les premiers jours, partiellement révélée par un besoin inusité de locomotion, par de la jactation nocturne et de l'insomnie, par des crampes, par de l'érotisme plus ou moins mêlés de somnolence et d'apathie diurnes, cette hypersténisation finit par devenir le phénomène le plus constant et le plus permanent de la cure Contrexévillaine. Dès les derniers jours de leur station et longtemps encore après leur départ, nos hôtes ressentent et accusent une suractivité cérébro-spinale inusitée.

Je me sentais leste et ingambe, comme à vingt ans, m'ont dit maints vieillards à leur retour. J'avais besoin de monter à cheval, de faire de longues promenades, de franchir des fossés, etc., etc. Je ne veux plus aller à Contrexéville, s'écriait un vieux garçon des plus spirituels ; je ne suis pas assez riche pour payer les folies que je suis contraint de faire au retour !

C. MOUVEMENTS INTERSTITIELS. — De ce que je viens de dire des grandes fonctions incitatrices, il est facile de conclure à priori à la modification spéciale des mouvements intrà-molléculaires ; ils sont tous entraînés dans cette accélération fonctionnelle, et la traduisent, non plus sur l'heure et par des phénomènes saillants, mais bien par des résultats successifs, plus constants encore que les premiers et finalement plus importants.

Quelque nom qu'on lui donne, le travail intrà-molléculaire est suractivé ; à une élimination plus prompte et plus radicale, correspond un accroissement solidaire des actes d'intussusception, et selon que les tissus sont surpris par cette propulsion inusitée, conservant encore ou ayant perdu leur type organique, ils se mettent en mouvement vers un meilleur ou vers un pire état. De là naissent le bien ou le mal, l'indication ou la contre-indication ; mais non pas seulement à postériori et à l'*edentibus* et *adjuvantibus,* comme je vais m'efforcer de le traduire par quelques applications empruntées à ma pratique des eaux de Contrexéville.

Deux sujets, souvent atteints d'affections identiques, viennent à nos sources, se plaignant, l'un de son extrême maigreur, l'autre de son non moins extrême obésité : ils repartiront, l'un plus gras, l'autre moins obèse.

Deux membres sont, l'un atrophié, l'autre hypertrophié par une ancienne affection rhumatismale ou goutteuse ; le premier s'accroîtra d'autant que décroîtra le second. Il est tel engorgement de prostate, telle induration de l'urètre, tel épaississement de la muqueuse vésicale, telle augmentation de volume du foie, du rein, du testicule, de l'utérus ; il est telles affections catarrhales des bassinets, de la vessie ou de l'urètre, qui seront, à coup sûr, améliorés ou guéris par la médication que j'étudie ; il en est d'autres qui seront non moins certainement agravés.

Pour les premiers, les tissus affectés ont conservé la normalité de leur structure intime, et n'ont d'anormal que l'irrégulier accomplissement des mouvements interstitiels ; pour les seconds, le type organique lui-même est altéré. Des produits éthéromorphes ont envahi la trame des tissus et les ont entraînés dans un mouvement fatal de dégénérescence. La progression normale pour un tissu simplement hypertrophié, c'est la résorption plus active ; c'est l'absorption, l'élimination plus régulières ; c'est, en un mot, le retour aux conditions organiques et fonctionnelles louables ; pour un tissu transformé, la progression, que je dirai encore normale, c'est la transformation interstitielle de plus en plus vicieuse ; pour le cancer, quelle que soit son espèce, c'est l'envahissement successif, c'est le ramolissement, c'est l'ulcération, c'est le sphacèle ; pour le tubercule, c'est l'éclosion ou l'exagération du travail éliminatoire par les tissus voisins, et il y a lieu de supputer d'avance s'il y a plus ou moins à gagner par l'élimination de la matière tuberculeuse que par les inflammations, les suppurations, les ulcérations des tissus confinants. Cette sthénisation et cette dynamisation en lesquelles se résume l'action des eaux de Contrexéville sur les fonctions générales, vont caractériser aussi les diverses modifications imprimées aux diverses fonctions spéciales, et je pourrais, à la rigueur, me dispenser de décrire celles-ci, corollaire obligé de celles-là; mais en outre de ces phénomènes purement dynamiques, il en est de nature chimique ou mécanique qui méritent une mention spéciale. Il y a d'ailleurs aussi lieu de signaler la part plus ou moins grande de cette action incitatrice qui revient à tel ou tel organe spécial.

2° FONCTIONS SPÉCIALES.

A. APPAREIL DIGESTIF. — L'un des phénomènes les plus constants et les plus saillants de la cure Contrexévillaine est l'exagération de l'appétit et l'accroissement des facultés digestives; quelques remords qu'ils en éprouvent, quelques reproches que leur en fasse le médecin, la plupart de nos hôtes commettent habituellement des énormités de régime, nuisibles sans doute au résultat final du traitement, mais d'une impunité actuelle qui a lieu de surprendre.

L'opinion qui veut que les liquides arrivent de l'estomac au rein et à la vessie par d'autres voies que celles que suivent les produits de la digestion des matières solides, trouverait près de nos sources de puissants arguments, l'intervalle qui sépare l'ingestion de l'eau de son expulsion par les voies urinaires est, en moyenne, de deux à quatre heures; mais assez souvent, surtout chez ceux de nos malades qui se distinguaient par une grande énergie fonctionnelle, et qui étaient arrivés, par l'usage de notre eau, à sa digestion et à son élimination de plus en plus faciles, j'ai vu cet intervalle se réduire notablement. Il est, en outre, à noter, et ce fait est d'une grande importance au point de vue de notre efficacité toute spéciale dans les maladies des voies urinaires, il est à noter, dis-je, que, de moins en moins mêlée aux matières propres de l'urine et de miction en miction, cette eau finit par être évacuée à peu près telle qu'elle avait été bue.

La part que prend le foie à cette surexcitation fonctionnelle se traduit par les faits suivants, d'observation journalière.

Dès le quatrième jour de la cure, le plus souvent, les évacuations alvines deviennent chez nos hôtes plus abondantes, plus fréquentes, plus liquides ; elles émanent une odeur hydrosulfureuse toute particulière ; leur couleur est plus ou moins verdâtre ; elles produisent, par leur contact sur les téguments qui avoisinent l'anus, des sensations de cuisson et de ténesme ; très souvent et à l'insu même des malades, ces matières entraînent avec elles de petits corps lenticulaires, lisses, applatis, brunâtres, gras au toucher, compacts à leur surface, comme plâtreux à l'intérieur, évidemment issus de la vésicule biliaire. Si les téguments étaient plus ou moins colorés par l'ictère, ils tardent peu à reprendre leurs teintes normales. Quand ils ne s'accompagnent pas de dégénérescence, quand ils ne sont que médiocrement consistants et volumineux, les engorgements hépatiques décroissent sensiblement, quelquefois même disparaissent dans le cours de la saison.

Quelques phénomènes spéciaux au gros intestin méritent aussi de nous arrêter un instant. Le plus grand nombre de nos hôtes, par leur âge, par leur hygiène, par la spécialité de leur état morbide, offrent les caractères de la pléthore veineuse abdominale ; beaucoup sont hémorroïdaires ; le plus grand nombre y sont disposés : or, voici ce que j'ai observé de l'influence de nos eaux sur cette habitude du système veineux hypogastrique. Au début, et pendant les premiers jours de la cure, les veines hémorroïdaires sont congestionnées, les tumeurs variqueuses deviennent turgescentes et font saillie; bientôt sur ces organes, comme sur tous les autres, la détente s'opère, la congestion cesse ou plus ordinairement se juge par un flux sanguin, plus ou moins abondant. Bien souvent, et surtout quand j'y ai aidé par des douches rectales chaudes, j'ai vu se rétablir ou se manifester pour la première fois cette bienfaisante évacuation sanguine, bienfaisante surtout dans les cas de congestion cérébrale, dans ceux de congestion lombaire, simulant des maladies du rein ou de la moële, dans ceux d'hématurie très fréquemment reliés à l'état hémorroïdaire, enfin dans tous les cas d'engorgements abdominaux.

Disons maintenant à quel degré et, s'il est possible, de quelle manière les eaux de Contrexéville sont purgatives.

Tant que le malade boit cette eaux aux doses de 4, 5, 6 et 7 verres, la règle presque constante est, ou bien que rien n'est changé dans ses habitudes alvines, ou bien même qu'il accuse un certain degré de constipation. Au chapitre des fonctions urinaires, j'aurai de même à constater qu'aux doses que je viens de dire, l'effet produit se traduit par des phénomènes similaires et parallèles d'astriction spasmodique des réservoirs et des conduits de l'urine. Dès la dose moyenne de sept verres, les canaux inférieurs se détendent en quelque sorte et livrent plus facilement passage à des matières excrémentitielles plus abondantes et plus diluées.

Pour ne nous occuper encore que de ce qui a trait à l'excrétion fécale, je redirai qu'elle prend tous les caractères d'un vrai flux mucoso-bilieux ; il n'est pas rare qu'un malade ait dans une matinée quinze à vingt selles de ce genre, et cela sans qu'il se sente le moindrement débilité.

Le déjeûner succède à cette séance orageuse, et dès-lors tout rentre dans l'ordre; quelquefois même ce malade est tout étonné de retrouver le soir la garde-robe difficile, dont il a depuis longtemps l'habitude. Cet état d'hypercrisie hépatico-intestinale a une durée très variable; je l'ai vu persister jusqu'au dernier jour de la cure; le plus généralement il ne dure que six ou huit jours, et j'y insiste; quelles que soient sa durée et son intensité, il ne produit jamais ni ne laisse à sa suite de débilitation. C'est bien là la purgation louable et légitime des anciens.

On ne pourrait d'ailleurs pas la réduire aux proportions d'une indigestion d'eau ou d'une déjection surabondante corrélative d'une surabondante ingestion; car, outre la nature des matières expulsées, outre la persistance, l'accroissement même du bien-être du malade qui y est soumis, il n'existe pas de corrélation forcée entre ces phénomènes et la quantité d'eau ingérée : ainsi, tel malade est abondamment purgé aux doses de sept, huit, neuf verres, et cesse de l'être aux doses de dix, onze, douze verres; tel autre peut arriver au chiffre exagéré de trente verres, sans éprouver aucune modification de ses habitudes alvines.

B. APPAREIL URINAIRE. — C'est sous ce titre que je vais trouver les propriétés les plus éminentes et les plus spéciales de l'eau de Contrexéville; il importe donc d'analyser avec soin tous les faits qui s'y rapportent.

Je ne sais si nulle part il peut se boire impunément et il se boit autant d'eau que par nos malades, mais je puis affirmer qu'aucune eau ingérée ne se présente plus promptement et plus strictement aux émonctoirs de l'urine. La miction succède d'autant plus promptement à l'ingestion de l'eau, que celle-ci a été mieux digérée ; elle est d'autant plus copieuse que les téguments ont pris une moindre part à l'élimination du liquide ingéré ; j'ai dit l'intervalle qui sépare l'ingestion de l'eau de son excrétion ; j'ai dit aussi que l'eau finit par être rendue presque sans altération. Ce premier fait, du moins quant à son résultat physique, ne saurait être mieux comparé qu'à un rinçage, et l'on entrevoit déjà la portée de ce lavage à grande eau de toute la filière des voies urinaires ; mais là ne se bornent pas les modifications subies par ces organes.

En effet, du rein au méat, de nombreux phénomènes attestent que la vitalité de tout le système est énergiquement modifiée ; ainsi, outre qu'il soustrait à toute l'économie une quantité inusitée de matières aqueuses, car je me suis assuré expérimentalement que la quantité d'urine rendue dépasse notablement la quantité d'eau ingérée, le rein est excité à exercer plus énergiquement ses fonctions excrétoires.

Les sujets soumis à la diathèse urique rendent de l'acide urique en quantité inusitée ; ceux soumis à la diathèse phosphatique voient leurs urines perdre peu à peu leur alcalinité morbide et reprendre les caractères acides de toute urine normale ; ces deux faits sont radicaux et caractérisent notre médication Contrexévillaine. Ils comporteraient des déductions nombreuses et importantes, auxquelles l'urologie pourrait servir de but, non de limites ; mais ce n'est pas ici le lieu d'une telle discussion, je me bornerai aux quelques propositions qui vont suivre.

De tous les actes de désanimalisation interstitielle, le plus efficace est, sans contredit, l'excrétion de l'urée et de son congénère, l'acide urique, produits ultièmes de l'évolution des matières albuminoïdes, ne différant l'un de l'autre que par une oxidation moindre pour l'acide urique que pour l'urée.

L'acide urique et l'urée sont presque toujours en proportions inverses dans l'urine ; les urines très acides contiennent peu d'urée et beaucoup d'acide urique ; les urines peu acides, ou neutres, ou alcalines, offrent une prédominance de l'urée ou des produits ammoniacaux auxquels donne lieu sa décomposition.

Les urines avec prédominance d'acide urique charient en général un excès de sels phosphatiques ; mais ceux-ci restent dissous, grâce à l'état acide du véhicule. Les urines neutres ou alcalines avec prédominance d'urée, non moins chargées que les autres de sels phosphatiques, communiquent à ceux-ci leur insolubilité, qui date des réservoirs urinaires ou qui ne tarde pas à se prononcer hors de ces réservoirs.

La suracidité des urines, phénomène toujours subordonné à un vice des fonctions organiques générales, n'a de rapport avec les organes excréteurs de l'urine que par les perturbations qui peuvent résulter pour ceux-ci, d'une part, du contact habituel d'un liquide irritant, d'autre part, du dépôt de la matière chariée en excès par ce liquide.

L'acidité inférieure et surtout l'alcalinité des urines sont subordonnées tantôt à l'état organique général, tantôt, au contraire, à l'état spécial de l'appareil urinaire.

Tous les faits particuliers d'excrétion inusitée d'acide urique, observés dans l'état de santé ou dans l'état de maladie, sont corrélatifs d'une vicieuse suractivation, soit habituelle, soit accidentelle des actes organiques, et les reins semblent alors avoir et ont en effet pour mission d'éliminer les produits anormaux de ces pertubations organiques, et la part qu'ils prennent ainsi au rétablissement de la crâse normale est surtout active quand l'appareil tégumentaire, solidaire de l'appareil urinaire dans cette élimination des matières suranimalisées acides, fonctionne d'une manière incomplète.

Tous les faits d'acidité inférieure ou d'alcalinité des urines et partant de prédominence des phosphates insolubles se rapportent à deux ordres de cause bien distinctes.

Tantôt cette excrétion est ainsi viciée du fait de l'état général de la constitution, et cet état général a pour caractère essentiel un certain degré de débilité organique, d'allanguissement fonctionnel, d'appauvrissement général de la crâse organique ; dans l'état normal, l'acidité des urines décroît de la période maximum de la vie à la période décroissante des constitutions énergiques aux constitutions débiles, des habitudes confortantes d'alimentation, d'aération, d'exercice aux habitudes contraires. Dans l'état pathologique, l'acidité des urines décroît de l'époque aiguë à l'époque chronique d'une même maladie, ou bien des maladies hypersténiques aux maladies asthéniques.

Tantôt les défauts d'acidité des urines trouve sa cause dans l'état topique des organes urinaires eux-mêmes ; or, cette cause locale n'est pas unique et d'un seul chef, elle se range tantôt sous l'un, tantôt sous l'autre des deux genres que je vais dire.

Un obstacle au cours naturel des urines existe sur quelque point de leurs conduits ou de leurs réservoirs ; ce liquide devient neutre, puis alcalin par le seul fait de son séjour anormal en ce point.

La membrane muqueuse urinaire est le siége d'un état phlegmasique de date plus ou moins ancienne, et partant plus ou moins chronique, et accompagné d'un certain degré d'hypertrophie et d'induration du système mucipare ; pour cette muqueuse, comme pour toutes les autres, la loi est que tous les liquides versés à sa surface, sous l'influence d'un état persistant de phlegmasie chronique soient altérés par une insolite production de matières ammoniacales, qui expliquent suffisamment l'alcalinité des liquides excrétés et la tendance aux dépôts phosphatiques.

Ces notions élémentaires, qui exigeraient d'être développées plus que je ne le puis faire ici, suffisent à mettre en évidence la valeur des deux modifications radicales imprimées par la médication Contrexévillaine, à la secrétion urinaire ; ces modifications se traduisent par les deux propositions suivantes que je vais répéter :

1° Les sujets soumis à la diathèse urique sont ramenés par l'action de l'eau de Contrexéville à l'équilibre des actes organiques par une élimination plus complète et plus prompte des matières suranimalisées acides de l'économie.

2° Les sujets dont les urines charient, soit pour une cause diathésique, soit pour une cause locale, un excès de phosphates insolubles, voient ce liquide excrémentitiel perdre peu à peu son alcalinité morbide et reprendre les caractères acides de toute urine normale.

L'appareil urinaire est, en outre, influencé à d'autres titres, que je vais étudier sous les trois chefs suivants :

A. ACTION MÉCANIQUE. — A moins d'adhérer invinciblement à la substance même des organes excréteurs de l'urine ou d'offrir un volume par trop disproportionné avec le calibre de leurs conduits, tout corps étranger situé en un point quelconque de l'appareil urinaire, est nécessairement entraîné au dehors par le courant copieux et énergique que nous avons dit s'établir du rein au méat sous l'influence des abondantes et inoffensives libations de nos hôtes.

Ces courants produisent en outre une dilatation non équivoque des conduits qu'ils parcourent. Pour le canal de l'urètre, il suffit, pour s'en assurer, de comparer entre eux les catéthers de numéros très distants que l'on parvient à y introduire avant et après la cure, de suivre même la progression en volume et la progression en vigueur du jet de l'urine de la plupart des buveurs. Pour les uretères, outre l'analogie, la preuve d'une dilatation positive nous est journellement fournie par la migration prompte, facile et inoffensive de calculs exceptionnellement volumineux, depuis longtemps cantonnés dans les reins.

B. ACTION CHIMIQUE. — Ce que j'ai dit des modifications imprimées à la secrétion urinaire par l'usage de l'eau de Contrexéville, ne peut évidemment se ranger sous le titre que j'aborde ; ce n'est évidemment qu'en raison d'une modification vitale, qu'une eau, faiblement alcaline, il est vrai, mais enfin alcaline, peut exagérer les qualités acides de l'urine.

Les auteurs, qui ont successivement traité des eaux de Contrexéville, ont tous dit, à la suite, qu'elles exercent une action dissolvante sur les concrétions urinaires, confondant tous d'ailleurs en cette assertion complexe, des composés chimiques, de nature si diverses. La tradition locale est naturellement plus affirmative et moins explicite encore sur ce point. Mon premier soin a été de soumettre à l'expérimentation un fait aussi important et aussi souhaitable ; or, voici les résultats que j'ai obtenus.

Quelle que fût ma répugnance à attribuer en dehors du puissant concours de l'économie vivante une telle action à une menstrue d'une composition chimique si peu efficace que celle révélée par l'analyse de nos eaux, et procédant analytiquement, j'ai d'abord mis en digestion dans des flacons remplis de cette eau, d'une part des sables uriques, d'autre part des phosphates pulvérulents. Après un long séjour, je n'y ai remarqué aucun changement que n'eût pu produire de l'eau ordinaire.

Avec des calculs uriques, phosphatiques, oxaliques, à écorces dures, les résultats ont été les mêmes.

Avec de simples concrétions amorphes, plâtreuses, amalgame récent de matière calculeuse et de matière animale, j'ai obtenu, surtout quand je me suis aidé de l'agitation fréquente du liquide contenu dans les flacons, non pas une dissolution, mais une simple désagrégation.

Mais quand j'ai observé cette action, non plus dans des vases inertes, mais auprès des malades ; non plus avec l'eau telle que la fournit la source, mais avec l'eau telle qu'elle parcourt les voies urinaires, mêlée aux éléments essentiels de l'urine, modifiée dans sa température, aidée par la contractilité des réservoirs et des conduits urinaires, j'ai pu recueillir un certain nombre de faits plus satisfaisants.

J'ai reçu et je conserve une collection nombreuse de calculs de toutes compositions, à écorses dures, vermoulues, érodées, ébréchées sur divers points. Un examen attentif de ces calculs démontre que ces brèches ont été produites par le ramollissement, par la désagrégation, par l'entraînement de la matière organique qui constitue leur trame.

Ils ne peuvent être mieux comparés qu'à de petits fragments d'os désanimalisés par l'action du feu ou d'une carie. Ce fait s'explique par ce que j'ai dit de la surascidification des urines, sous l'influence de l'usage de nos eaux.

La même explication s'applique à la disparition successive, presque constante, des dépôts de phosphates boriques accompagnés de mucus que nous constatons ici dans les urines de nos malades.

Il faut en outre y ajouter celle tirée de l'exaltation de la contractilité des canaux et conduits urinaires, pour bien comprendre les faits suivants que j'ai observés.

Le nombre des concrétions presque intégralement composées de phosphates, soit simples, soit doubles, soit triples, reliés par du mucus durci, est plus grand qu'on ne le croit généralement; elles ne se forment guère dans les reins que quand ces organes sont atteints de quelque lésion organique profonde; je les ai surtout observées ou bien libres dans le bas-fond d'une vessie catarrhale, dilatée derrière une prostate volumineuse, ou bien adhérentes sur divers points de la muqueuse vésicale, ou bien incrustant la glande prostate elle-même, ou bien logées dans une dilatation du canal de l'urète, ou bien encore parcourant ce canal sous la forme de grumeaux pâteux, qui prennent promptement à l'air une certaine consistance. Ces concrétions, rarement très dures, presque toujours amorphes et plâtreuses, conservent encore un noyau pâteux sous la couche corticale qui, quelquefois à la longue, finit par se durcir.

Cette espèce de concrétion, que j'ai dit se présenter plus fréquemment que les autres, à Contrexéville du moins, éprouve de l'action de nos eaux une désagrégation constante, aidée même d'une action dissolvante, qui pourrait devenir complète, si l'expulsion de ces masses désagrégées et divisées n'avait généralement lieu en un temps très court. On comprend que dans tous ces cas les urines de mes malades, devenues, d'une part, plus abondantes, d'autre part, plus acides, agissent non moins sur les phosphates eux-mêmes que sur la matière animale qui leur sert de lien.

C. ACTION VITALE. — Elle se résume, ai-je dit, en une incitation énergique et purement dynamique à un fonctionnement plus puissant et plus régulier de toute la partie sécrétante de l'appareil urinaire ; il faut y joindre une non moins énergique modification de la contractilité des réservoirs et des conduits de l'urine, parfaitement distincte de la dilatation mécanique antérieurement mentionnée et sur laquelle j'insisterai plus bas. Quant à la sensibilité des surfaces libres de cet appareil, elle est exaltée dans tous les cas où la muqueuse est le siége d'un état phlegmasique aigu ; elle se modifie très heureusement dans tous les autres cas. De nombreux faits de mon observation journalière tendent à prouver que du contact d'une urine plus aqueuse, que de la dilatation mécanique des conduits, que de leur détente nerveuse, que des nouvelles conditions de vie imprimées à leurs tissus, il peut résulter une sédation de leur sensibilité anormalement exaltée.

J'ai vu maintes fois des graveleux, coutumiers d'accidents très douloureux à chacune de leurs crises néphitiques antérieures, rendre presque sans s'en apercevoir des calculs souvent supérieurs en volume à tous ceux qui les avaient précédés.

Je viens de résumer les modifications dynamiques qui résultent, pour l'appareil urinaire, de l'usage suffisamment prolongé de l'eau de Contrexéville ; mais en ce qui concerne la contractilité des canaux et des réservoirs de ce liquide, il est certains faits qui méritent une mention spéciale.

L'effet initial de la cure est pour les organes excréteurs de l'urine, comme pour ceux excréteurs des résidus de la digestion, un effet d'astriction et en quelque sorte de coarctation active. Pendant les trois ou quatre premiers jours, des sujets, qui avaient jusque là uriné à plein canal, se plaignent de l'amincissement de leur jet d'urine et des plus grands efforts auxquels les contraint leur expulsion ; la sonde exploratrice, qui, le premier jour de la cure et avant tout traitement, avait pénétré jusqu'à la vessie avec une grande facilité, a peine à franchir les premières portions du canal de l'urètre spasmodiquement contracté. Les choses, très rarement il est vrai, peuvent être poussées jusqu'à une rétention des urines chez des gens qui n'en avaient jamais antérieurement éprouvées. Chez un jeune Lyonnais, jouissant d'une parfaite intégrité de l'appareil urinaire et qui n'avait d'autres motifs d'user de nos eaux qu'un charrement habituel de sables uriques, cet incident se produisit dès le second jour de la cure ; je fis pénétrer sans trop de difficulté la sonde d'argent dans sa vessie notoirement distendue par l'urine ; à ma grande stupéfaction, je ne ramenai pas une seule goutte de ce liquide accumulé, et cependant ma sonde, parfaitement débouchée, se mouvait librement dans sa cavité vésicale : je la retirai et me recueillis un instant pour me rendre compte de cette bizarrerie ; une minute environ après, elle me fut expliquée par une énergique expulsion d'une énorme quantité d'urine. La vessie spasmodiquement contractée s'était formée par une sorte d'étranglement actif en deux poches, dont la postérieure contenait l'urine, dont l'antérieure admettait seul le bec de ma sonde ; le contact, la pression de cet instrument venaient de provoquer la détente de cet état de spasme. Un fait simulaire s'est passé l'an dernier sous les yeux du docteur Arnal, sur un malade d'un certain âge, chez lequel une première exploration très facile, opérée avant le début de la cure, m'avait fait soupçonner un très petit calcul vésical.

Cette première action astrictive de nos eaux est surtout

marquée aux époque de longues sécheresses, qui, je l'ai dit antérieurement, leur impriment une plus grande concentration et ne se prolonge jamais au-delà des quatre ou cinq premiers jours de la cure ; alors cette exaltation spasmodique se détend ; les uretères livrent un passage facile aux corps solides ou liquides qui les parcourent ; le canal de l'urètre semble acquérir plus d'ampleur, le col de la vessie répond par une résolution plus prompte et plus complète à des contractions plus énergiques de son corps. Tous nos hôtes se félicitent de la vigueur nouvelle avec laquelle ils vident leur vessie ; tous remarquent l'accroissement sensible du volume de leur jet.

D. APPAREIL GÉNITAL. — Ce que j'ai dit des propriétés névrosthéniques de nos eaux suffit à faire prévoir l'excitation qui résulte de leur usage pour les organes génitaux. Toutefois, dans les cas d'intégrité complète de ces organes, cette excitation est peu marquée comme effet direct de la cure et se produit surtout comme phénomène consécutif de de la suractivitée imprimée à l'organisme. Mais pour peu que les organes pelviens et ceux-ci entre autres soient soumis à quelque perturbation organique ou fonctionnelle, ils éprouvent un retentissement tout spécial de la stimulation organo-fonctionnelle produite par nos eaux : d'où l'indication d'en proscrire ou d'en recommander l'usage, selon que l'état de ces organes repousse ou réclame une médication incitante. Secondée par la pratique des douches locales et générales, froides surtout, notre source m'a fourni de très puissantes ressources dans ces états utériens, presque toujours atoniques, qui se composent comme lésion spéciale d'un certain degré de déviation, d'hypertrophie, de phlegmasie chronique de l'utérus, comme perturbation fonctionnelle, de désordres leucorrhéiques et dyshémorrhiques, comme habitude diathésique, d'accidents polymorphes de nervosité, de gastricisme et d'atonie organiques. Après ce préambule explicatif, ne pourrai-je pas, sans toucher à l'empirique et glorieux monopole de certaines eaux, avouer que notre modeste source a fait cesser un certain nombre de stérilités des mieux avérées.

L'action martiale de nos eaux, beaucoup plus intense que ne pourrait le faire prévoir leur analyse chimique, même en tenant compte des hautes doses en usage à notre buvette, entre sans doute pour beaucoup dans les résultats que je viens de dire.

Chez les jeunes filles en particulier, on retrouve assez constamment cette spécialisation médicamenteuse de notre eau. A moins qu'elle soit régie par quelque état organique incoërcible, la chloroanémie se modifie et très souvent disparaît dans le cours même de la saison; hors des conditions pathologiques que j'ai spécifiées, les femmes sont généralement influencées dans leurs habitudes cataméniales : il y a le plus souvent anticipation de date et plus longue durée de l'évacuation sanguine.

Les sécrétions muqueuses des canaux uréthral et vaginal sont, au début, notablement exagérées; les anciens flux leucorrhéiques prennent une activité inusitée; des écoulements interrompus depuis un temps parfois assez long sont ravivés. Vers la fin et surtout à la suite de la cure, à cette surexcitation sécrétoire des muqueuses génito-urinaires succèdent une régularisation fonctionnelle, une tonification organique, qui modifient puissamment, souvent même suffisent à faire définitivement cesser toutes ces habitudes catarrhales.

Un certain nombre de nos hôtes se pleignent d'érections nocturnes, quelques-uns même de pollutions; j'ai observé quelques cas de congestions vers les bourses; des causes, habituellement insuffisantes, ont même provoqué quelques orchites, très fugaces il est vrai.

Ce sont là les conditions évidentes d'une notable excitation de l'appareil génital ; mais, je le répète, elles sont bien moins constantes et bien moins spéciales que pour les organes sécréteurs et excréteurs de l'urine, elles ne se montrent que partiellement à nos sources, et supposent toujours, comme je l'ai dit, des prédispositions particulières ; elles ne répondent d'ailleurs qu'à une époque limitée et variable de la cure. Le fait le plus constant de l'influencement des organes génitaux par la médication Contrexévillaine est l'acquisition graduelle d'une tonalité fonctionnelle et organique qui se fait sentir longtemps encore à la suite de la saison.

E. APPAREILS PULMONAIRE, CUTANÉ, GLANDULAIRE. — Si je réunis sous un même titre des organes aussi disparates, c'est qu'ils ne prennent guère d'autre part à la médication Contrexévillaine que cette incitation organique et fonctionnelle générales que j'ai dit être son effet le plus constant. Je me bornerai donc, pour chacun d'eux, à quelques remarques spéciales.

Je n'ai jamais admis à l'usage de notre source un phthisique, à quelque degré qu'il fût parvenu de son affection pulmonaire ; j'avais même peu de dispositions à y recevoir les sujets atteints de phlegmasies chroniques de la muqueuse laryngo-bronchique. Pour cette dernière affection au moins, l'expérience a modifié mes idées sans qu'il me soit possible d'expliquer les faits autrement que par la banale suractivité imprimée à tout l'organisme par nos eaux.

J'ai donc vu arriver ici, amenés par divers motifs, des cas assez nombreux déjà de laryngites chroniques, de bronchites catarrhales ; toutes à peu près ont été notablement améliorées.

Une dame de Passy, affectée d'une grave suppuration des

reins, a obtenu, pour principal bénéfice de sa cure, la disparition de symptômes laryngiens, que l'on avait jusque là attribués à une phthisie de cet organe.

Un ancien habitué de Contrexéville, guéri autrefois d'une maladie très compliquée, n'hésita pas à venir à nos sources, que sa reconnaissance lui fait regarder comme omnipotentes, se traiter d'une bronchite chronique, rebelle à tous les moyens médicaux. Sa naïve confiance l'avait bien inspiré ; il partit complétement débarrassé de ses longues et fréquentes crises de toux avec expectoration abondante de mucus puriforme.

Je pourrais citer bien d'autres exemples que ceux-ci, et quelqu'inexpliquables qu'ils soient restés pour moi, ils constituent l'une de mes croyances les plus fermes à l'efficacité de nos eaux.

Les téguments ne manifestent que très irrégulièrement et par des phénomènes peu sensibles leur participation à la cure. Tel de nos hôtes accuse des sudations inusitées, quand tel autre s'étonne des longues courses qu'il peut faire désormais sans éprouver de transpiration exagérée. A ce point de vue donc, rien de spécial, que notre eau soit d'ailleurs prise en bains ou seulement en boisson. Des expériences, dont je poursuis les compléments, m'ont permis de retrouver dans le liquide sudoral des sujets soumis aux conditions de la diathèse urique, des quantités notables du même acide qui abonde dans leurs urines ; la peau et les reins sont évidemment solidaires pour l'importante fonction d'élimination des matières suranimalisées, réformées en quelque sorte par le travail intestin de rénovation des tissus.

Il est à présumer que, pour le tégument comme pour le rein, cette fonction spéciale est ramenée par l'action de nos eaux à des conditions de suractivité ; mais, je le répète, j'ai besoin pour affirmer de nouvelles preuves expérimentales. Quelques observations m'ont, en outre, fait retrouver dans les conditions de ce que j'ai appelé la diathèse phosphatique, par opposition avec la diathèse urique, une solidarité du même ordre, entre l'appareil cutané et l'appareil urinaire : je me bornerai à citer ici l'une de ces observations le mieux caractérisée.

Dans un village voisin de Contrexéville vivait, dans la plus profonde misère et dans le dénûment le plus absolu de toutes les choses de la vie, un enfant âgé de neuf ans, issu de parents infectés par la syphilis constitutionnelle et croupissant eux-mêmes dans l'abjection hygiénique et morale. Cet enfant, vieillard décrépit dans toute l'acception médicale de ce mot et qui s'éteignit quelques mois plus tard, offrait littéralement une incrustation phosphatique étendue à toute la surface de ses téguments. Cette matière, que je n'ai pu analyser, mais qui offrait tous les caractères des phosphates insolubles, mêlés aux urines ou déposés au pourtour des articulations des goutteux et des graveleux, arrivés aux phases hyposthéniques de leur âge et de leur maladie, formait spécialement sur les bras et sur la tête du sujet une couche irrégulière, mamelonnée, de près de deux centimètres d'épaisseur en quelques points, qui, détachée par le frottement, se reproduisait très rapidement. Je ne pus visiter les urines de cet enfant qui, me fut-il répondu par ses parents : *Pissait de la chaux.*

Les faits suivants seraient de nature à faire admettre dans nos eaux un certain degré de la puissance antiherpétique que lui ont attribuée Bagard et Thouvenel : sur vingt malades conduits ici par des affections catarrhales des organes urinaires, il en est au moins cinq qui présentent, en outre, un état exanthémateux, plus ou moins intense des téguments du périnée, de la partie interne des cuisses, de la région hypogastrique et du scrotum ; il semble qu'il y ait une sorte de solidarité entre cet état de la muqueuse vésicale et cet état des téguments voisins, alors même qu'on ne peut alléguer, ni le contact habituel d'une urine plus ou moins âcre, ni une commune origine bien évidente de diathèse herpétique. Cette affection cutanée, le plus souvent avivée d'abord, comme je le dirai à l'article des métastases, finit par décroître, par disparaître même, non moins sûrement, souvent même en moins de temps que l'affection vésicale corrélative. J'ai été, en outre, témoin de la disparition de quelques couperoses faciales légères. Si à ces observations j'ajoute comme auxiliaires les assertions et les preuves cliniques apportées par les auteurs cités plus haut, en faveur des vertus antiherpétiques de l'eau de Contrexéville, je me croirai suffisamment autorisé à lui accorder cette efficacité spéciale, que ne sembleraient faire prévoir ni sa composition chimique, ni son mode d'action physiologique. Je vais cependant rappeler à ce sujet une circonstance qui pourrait bien s'y rattacher directement. L'eau de nos bains, fortement chargée de sulfate de chaux, puisée dans une sorte de citerne où macèrent sans cesse les débris des plantes voisines, puis chauffée à feu nu à une température élevée, ne pourrait-elle pas, comme je l'ai déjà dit, éprouver une réduction de ses sulfates qui passeraient, partiellement au moins, à l'état de sulfures? Et n'est-ce pas là la seule cause probable de l'odeur hépatique qu'exhalent fréquemment nos baignoires, en même temps que l'un des titres de cette efficacité en quelque sorte digestive de nos eaux.

Je n'ai pas eu les occasions de vérifier les assertions de nos auteurs sur notre puissance d'action dans les affections spéciales du système glandulaire; mais il est de tradition et d'observation journalière, qu'employée en topique en même temps qu'en boisson, notre eau modifie très heureusement la vitalité des muqueuses oculaire et palpébrale. Ce que Bagard, Thouvenel et Mamelet affirment de nos propriétés détersives et cicatrisantes dans les vieux ulcères, ce que j'en ai vu moi-même me paraît se rattacher bien moins à une influence directe et spéciale qu'à l'hypersthénisation de tout le système organique, en laquelle se résume le résultat ultième de notre cure.

IV

Mode d'emploi.

L'eau minérale de Contrexéville s'emploie en boisson, en bains, en douches, en applications topiques.

1° EN BOISSON. — Le chiffre fatidique de vingt-un jours pour la durée d'une cure se retrouve ici comme à la plupart des stations hydro-minérales.

Comme toutes les choses fixes et invariables, corrélatives à la chose de toute la plus variable, l'idiosyncrasie de chaque malade et de chaque maladie en particulier, cette règle chiffrée d'avance est très souvent en désaccord avec les indications rationnelles de la cure. Pour tous nos buveurs, il vient un jour de saturation que les sensations les plus nettes leur font parfaitement reconnaître, qui marque la limite précise de la bienfaisance du traitement, et que la plupart ne peuvent outre-passer sans compromettre les bons effets qu'ils avaient obtenus jusque là. Ce jour, que j'appelle fatal, est loin de présenter la régularité d'échéance de la date réglementaire; il oscille entre le dix-huitième et le vingt-quatrième jour. A dater de là, non seulement le malade éprouve pour l'eau minérale une répulsion révélatrice, mais encore il voit survenir les phénomènes évidents d'une fâcheuse surexcitation. Aussi fais-je tous mes efforts pour faire prévaloir ici la date mobile sur le chiffre immuable.

La méthode dont j'ai eu le plus à me louer est la division de la saison en deux quinzaines séparées par un intervalle de six ou huit jours de repos.

Le verre réglementaire, à Contrexéville, est d'une capacité variable d'un quart à un tiers de litre. La prescription la plus habituelle est de quatre verres le premier jour, cinq le second, puis six ; en progressant ainsi d'un verre tous les jours pendant le premier tiers de sa cure, d'un verre tous les deux jours seulement pendant le second tiers, le buveur arrive à la fin de ce deuxième tiers à un maximum de douze à quatorze verres : il décroît d'un verre chacun des jours qui suivent, de manière à finir par le chiffre de début. Ces chiffres constituent le programme rationnel et modéré ; mais l'initiative de nombreux malades leur substitue, par impatience, par forfanterie, ou par faux calculs, des énormités que j'ose à peine chiffrer et dont j'ose moins encore avouer l'habituelle innocuïté. Pendant la saison de 1845, deux de nos hôtes, l'un énergiquement charpenté et constitué, l'autre, petit et fluet, se piquant en ce genre d'une émulation, qui, pour le dernier au moins, rappelait assez exactement, et pensa rappeler jusqu'au dernier verre, certaine fable de Lafontaine, atteignirent le chiffre quarante (13,320 grammes d'eau en une matinée) ; à ce point de leur prouesse, ils furent interrompus, le premier par l'expulsion un peu trop brusque seulement de calculs cantonnés de vieille date dans les reins, le second par des accidents gastriques fébriles, heureusement éphémères.

La règle est de boire les verres d'eau de quart d'heure en quart d'heure et de faire de l'exercice pendant les intervalles. Ce mode ne peut non plus rester invariable ; je lui substitue, le plus possible, le conseil de ne boire un nouveau verre que quand le précédent a cessé de manifester sa présence dans l'estomac.

En général, le malade doit se présenter à jeûn à la source et cesser ses libations une heure avant déjeûner ; je dis en général et non toujours, pour les motifs que je vais expliquer.

Quelques sujets, le plus souvent dyspopsiques à divers degrés, tolèrent avec peine une diète même très courte. Sous cette influence, leur estomac se révolte au premier contact de l'eau minérale ; des sensations douloureuses, des crampes, des vomissements même accueillent ce premier verre et ne leur permettent guère de passer outre.

A toute cette classe de malades je permets, je prescris même une légère infusion aromatique ou amère, ou bien un bouillon, ou même une tasse de chocolat avant la séance. Plus souvent encore, je conseille de faire suivre l'ingestion de chaque verre d'eau par une bouchée de pain ou de sucre aux sujets assez nombreux qui accusent les premiers jours de leur cure une tension épigastrique, de nature spasmodique. Cette simple précaution suffit presque toujours à produire un prompt allégement.

Hors ces exceptions, l'eau est d'autant mieux accueillie par l'estomac que celui-ci est plus complétement reposé de toute digestion antérieure.

Les soupers, trop souvent excessifs de la veille, exercent à ce point de vue une fâcheuse influence sur la séance du lendemain.

L'indication la plus générale est de boire rapidement le verre d'eau qui vient d'être puisé, sans lui laisser le temps d'exhaler à l'air le gaz libre qu'il tient en dissolution ; pour ce motif, je conseille même souvent de puiser et de boire chaque verre en deux fois ; je pourvois d'ailleurs ainsi à une trop brusque distension de l'estomac. Mais à tous ceux de nos malades qui accusent quelques dispositions aux congestions cérébrales je prescris, au contraire, de ne boire leur verre d'eau qu'après l'avoir tenu à la main assez de temps pour qu'il se débarrasse du gaz en excès.

Quelques sujets éprouvent, dès leurs premières libations, des sensations vertigineuses, que dans les débuts de ma pratique je regardais uniformément comme des indices de surexcitation de la circulation encéphalique déterminée par la cause que je viens de mentionner ; je n'ai pas tardé à reconnaître que la chose a une moindre importance, et que quatre-vingt-dix-neuf fois sur cent elle se rapporte simplement à une réaction sympathique de l'épigastre sur l'encéphale ; rarement d'ailleurs ce phénomène persiste jusqu'au quatrième ou cinquième jour de la cure ; il appelle ma surveillance plus spéciale sur l'état gastrique du sujet, et exige plutôt une régularisation de ses habitudes diététiques qu'une médication intercurrente.

Je viens de décrire la séance du matin à notre source : pour la majeure partie de nos hôtes, elle constitue à elle seule tout le programme médical de la journée. Je prescris un mode d'emploi différent à ceux d'entre eux qui présentent l'indication spéciale d'une médication non plus altérante, mais tonique et reconstituante ; au lieu des libations abondantes du matin, je les soumets à l'usage de l'eau à doses fractionnées, prises en plusieurs séances, à divers moments de la journée.

Pour tous, sauf de rares exceptions d'intolérance gastrique ou de trop vive surexcitation hydro-minérale, l'eau de la source pure ou mêlée de vin est la boisson des repas. Quelques-uns en boivent, en outre, un ou deux verres le soir en se couchant. Mais je regarde cet usage comme fâcheux : la digestion du souper, généralement trop copieux, en est troublée, et il en résulte de l'agitation pour la nuit, de mauvaises dispositions gastriques pour la séance du lendemain matin.

D'autant plus respectueux du médicament naturel versé par notre source, que, je le répète, il est généralement toléré avec une remarquable facilité, que d'ailleurs, malgré son apparente banalité de composition chimique, et peut-être en raison de cette balité elle-même, il suffit à une foule d'indications même éloignées par l'activité rénovatrice qu'il imprime à tout le système organique, je suis très sobre de tout coupage de l'eau minérale; ce n'est d'ailleurs que dans des cas très exceptionnels que je suis contraint de recourir à une médication adjuvante ou intercurrente. Je n'ai, entre autres, jamais admis l'opportunité méthodique de la saignée préparatoire, dont j'ai trouvé ici la tradition.

Dans les cas de pléthore, j'ai mieux aimé tout attendre de la dérivation énergique produite par nos eaux vers le système veineux pelvien, de la déplétion successive opérée par les reins, par la muqueuse intestinale et probablement aussi par les téguments, et je n'ai jamais eu lieu de regretter cette attente.

2° BAINS. — Déminéralisée, comme je l'ai dit, par le mode inintelligent de caléfaction auquel elle est soumise, l'eau de Contrexéville n'offre guère d'autres ressources balnéaires que celle de l'eau banale, et c'est sans autres prétentions que les bains interviennent dans notre traitement. Rarement indiqués chez les goutteux, très appropriés au contraire aux indications de lixiviation rénale, de détente et de sédation que présentent les graveleux, ceux surtout à acide urique, ils peuvent, comme tous les bains, remplir une gamme d'indications variées par leurs variations de durée, de température, d'additions médicamenteuses, etc., etc.; ils deviennent de précieux correctifs, par cela même que leur action est peu médicamenteuse, dans tous les cas accidentels de surexcitation hydrominérale, et en préviennent l'éclosion dans tous les cas de prédispositions nerveuses et gastriques. Si j'ajoute qu'en leur titre d'agents hyposténisants, ils n'interviennent que très accidentellement dans le traitement de ceux de nos malades qui sont soumis aux conditions diathésiques dégénérées du rhumatisme, de la goutte, des affections catarrhales des voies urinaires, au degré surtout où les phosphates insolubles dominent dans les excrétions, j'aurai épuisé tout ce que la pratique balnéaire offre de spécial à Contrexéville.

3° DOUCHES. — Deux douches descendantes, perpendiculaires ou latérales à volonté, à jet unique ou multiple plus ou moins volumineux et une douche ascendante composent tout notre arsenal. Elles nous offrent des ressources plus puissantes et plus variées que les bains; aussi vais-je insister sur ce point, au moins en ce qu'il a de spécial à Contrexéville.

Les douches descendantes et latérales, à jet unique ou multiple, froides, tempérées ou chaudes, sont employées pour satisfaire aux indications suivantes :

Dans le but de stimuler l'innervation et la circulation capillaire périphériques.

Elles sont administrées sur toute l'étendue de la surface cutanée, sous forme de pluie complétement froide, chez les sujets doués de ressources énergiques de réaction, et chez lesquels il importe de susciter des mouvements organiques modérés.

Administrée sous forme de jet unique, perpendiculaire

ou latéral, promené sur tout le corps et d'une température variée selon les circonstances que je viens de spécifier, cette douche porte l'incitation plus profondément encore en quelque sorte, et exhalte la tonalité du système musculaire. Les sujets qui portent dans leur organisation tout entier les stigmates de l'allanguissement fonctionnel et organique par la goutte, et surtout par le rhumatisme chronique et diathésique ; ceux que d'anciennes affections des voies urinaires ont conduit à ce même état constitutionnel par d'habituelles souffrances ou par de graves désordres des sécrétions ; tous ceux que des troubles profonds des fonctions assimilatrices ont soumis à cette décrépitude organique, le plus souvent compliquée du désespérant cortége des aberrations de l'innervation, secondent heureusement par l'usage de ces douches générales l'efficacité, spéciale en la matière, de la médication Contrexévillaine.

Quand l'indication plus topique est de provoquer en quelque région du corps une circulation plus active, des mouvements interstitiels plus énergiques, une nervosité plus régulière, de stimuler la tonalité de divers appareils musculaires, ligamenteux ou glandulaires, de réfléchir sur certains organes profonds l'excitation de parties contiguës ou sympathiques, d'opérer au contraire en leur faveur une dérivation sur quelque point éloigné et indifférent, la douche est dirigée sur une région limitée du corps. Elle est froide, à jet unique et dans toute sa force de projection, quand on veut lui faire rendre son maximum d'incitation ; elle donne des effets plus modérés par les variétés de température, de durée, de force de projection dont elle est susceptible.

Nos douches ascendantes remplissent le rôle d'injections vaginales et rectales portées à leur *summum* d'action. Elles offrent, elles aussi, des ressources variées de maniement et répondent à des indications multiples.

Projetée froide par un bout uniperforé, introduit entre les sphincters de l'anus, elle réveille avec énergie la contractilité des organes pelviens en général, et plus spécialement celle du gros intestin. Ce résultat est des plus souhaitables dans les cas nombreux d'inertie vésicale et rectale qui se présentent à nos eaux ; il faut d'ailleurs y joindre les effets résolutifs et astrictifs que produit cette douche dans les états hypertrophiques et variqueux de la région vésico-prostatique, pour comprendre quelles ressources elle nous offre à Contrexéville ; mais l'appréhension d'une trop brusque répercussion chez tous les sujets prédisposés à quelque congestion ou à quelque métastase viscérale en restreint fâcheusement les applications. Fraîche ou tempérée elle perd progressivement cette brusquerie d'action, qu'elle doit surtout à sa basse température.

Chauffée entre trente et quarante degrés centigrades, elle reste encore un excitant de la contractilité pelvienne, du fait de son énergique projection ; mais elle devient congestive et révulsive, d'astrictive et répercussive qu'elle était ; les veines hémorroïdaires, congestionnées et turgescentes sous cette influence, exhalent plus souvent en un flux bienfaisant le sang qui y afflue qu'elles ne l'immobilisent en un engorgement permanent, et l'heureuse dérivation qui s'en suit au profit des organes supérieurs, menacés ou atteints de congestion, devient souvent, pour l'avenir, une très souhaitable habitude crisiaque du sujet.

A peu près uniquement réservée pour les états utériens atoniques et passifs, la douche ascendante vaginale est généralement employée à la température native de l'eau. Un embout en caoutchouc olivaire porte, dans ce canal, un seul jet ou des jets multiples, selon le plus ou moins d'énergie qu'on veut lui imprimer.

Le tissu utérin est ainsi appelé à des mouvements interstitiels plus actifs et plus réguliers ; la muqueuse vagino-utérine est tirée de son état en quelque sorte passif d'hypercrinie ; les parties ligamenteuses de tout l'appareil se coarctent et se contractent. De ces effets topiques combinés avec ceux que j'ai dit résulter de l'action propre de notre eau sur la constitution tout entière et spécialement sur l'appareil utérin, on conçoit qu'il est possible de composer un très efficace traitement des maladies spéciales des femmes. Contrexéville est peu fréquenté dans ce but et mériterait de l'être davantage.

APPLICATIONS TOPIQUES. — L'eau de Contrexéville n'offre, pour ce mode d'usage, que les ressources peu spéciales de sa basse température, de sa légère acalinité et de son infinitésimale martialité ; aussi ai-je peu à insister sur cette pratique.

J'ai dit qu'elle s'employait assez heureusement en lotions dans les cas de blépharites et de conjonctivités chroniques, dans ceux d'affections herpétiques légères et récentes ; j'ajouterai seulement que plutôt à titre d'eau froide qu'autrement, je la prescris souvent en injections destinées à séjourner dans le rectum et dans la vessie.

V

Hygiène.

A ses hôtes, saturés la plupart des jouissances bruyantes de la vie citadine, Contrexéville impose, offre, devrais-je dire, pour premier bienfait hygiénique le calme anodin d'une pacifique villégiature. Le parc de l'établissement réserve sa fraîche verdure, ses gracieux cours-d'eau et ses grands arbres pour les personnes impuissantes ou paresseuses des longues excursions; les campagnes voisines, assez agréablement dessinées en vallées onduleuses, dominées par des côteaux couverts de bois, mais d'un caractère monotone, semblent rappeler à nos hôtes qu'ils sont venus ici pour se guérir et non pour s'amuser.

J'ai reproché au village son rustique désordre et au climat ses brusques transitions; mais le voisinage des fumiers est plus disgracieux qu'il n'est nuisible, et je ne sais si nous aurions bénéfice à acheter une température plus douce et plus uniforme par le renoncement des avantages hygiéniques attachés à notre élévation barométrique et à notre voisinage des grands bois et des hautes montagnes. Le fait est que l'on guérit souvent à Contrexéville des maladies qu'on y apporte et que le médecin-inspecteur n'est presque jamais appelé pour d'autres soins que ceux de ces maladies ; ce n'est donc en quelque sorte que par respect exagéré des lois banales de l'hygiène que je répète, après tout le monde, le précepte de porter à Contrexéville des chaussures imperméables et des vêtements chauds ; de se vêtir surtout chaudement pour les exercices matinaux de la buvette, et d'observer la même précaution, le soir, au sortir des pacifiques réunions des salons.

Les divers hôtels de Contrexéville offrent des conditions parfaites de propreté et de commodité d'habitation. Les étrangers se louent en général de la manière dont ils y sont nourris ; l'inspecteur s'en plaint.

S'il est peu ou point appelé du fait du climat et de la température, il l'est souvent pour cause d'indigestion, que les malades eux-mêmes ont la bonne foi d'attribuer à des excès de quantité et non à des défauts de qualité. Il faut de la vertu à Contrexéville et nos hôtes habituels s'en targuent peu : les aptitudes gastriques sont énergiquement mises en jeu, d'abondantes évacuations alvines font supposer, plus qu'elles ne créent, des besoins de réparation ; une tonalité inusitée incite tout l'organisme ; mais on a généralement à expier de longues erreurs antérieures de régime, on éprouve déjà l'excitation fonctionnelle et on n'a pas acquis encore l'énergie organique ; on distend tous les matins son estomac par d'énormes quantités du liquide médicamenteux, qui finira sans doute par le reconforter, mais qui commence par le surmener.

La journée est d'ailleurs peu remplie à Contrexéville, et on mange en excès par le même motif que les enfants oisifs. Cet abus est le plus sérieux écueil de la guérison des malades et de la réputation de nos sources.

Ces infractions au régime devraient et pourraient être d'autant mieux évitées, que nulle part le traitement n'est moins surchargé de cette foule de prohibitions quelquefois difficiles à justifier rationnellement. Ainsi, loin d'être bannis ici, les acides, tolérés chez la plupart, ne peuvent être que recommandés à un certain nombre, à tous ceux qui ont perdu la salutaire acidité de leurs urines.

L'impressionnement gastrique est toutefois consulté préalablement à ces convenances théoriques, et ses répugnances ou ses convenances sont, avant tout, respectées. Cette règle s'applique d'ailleurs à tous les ingestas de nos hôtes.

En outre, où est la raison de leur défendre le vin et spécialement les vins légers, les homologues de notre eau par leur action diurétique et tonique; de leur défendre le café doué des mêmes qualités et qui, en outre, jouit de cette heureuse propriété de diffusibilité et en quelque sorte de décentralisation, que je regarde comme le correctif le plus approprié des fâcheux résultats d'une alimentation excessive ?

La perfection idéale du régime serait, pour tous nos buveurs sans exception, une alimentation qui n'approcherait jamais des limites fort reculées ici de la satiété, qui n'aurait d'autres raisons de son choix que la digestibilité relative des aliments, et qui serait spécialement composée de mets simples, très nourrissants, sous un petit volume ; la digestion pénible, et partant imparfaite, d'une volumineuse ration de légumes, engendre plus d'acide urique que la facile digestion d'une côtelette ; elle exagère non moins évidemment le charriement phosphatique et muqueux des urines alcalines.

Il est de rigueur de faire de l'exercice le matin pendant que l'on boit l'eau minérale ; les heures qui s'écoulent entre le déjeûner et le dîner ne pourraient aussi mieux être dépensées qu'en promenades au grand air. L'allanguissement des fonctions de la peau joue un très grand rôle dans l'étiologie des maladies qui fréquentent nos sources ; il est utile de dépenser par le jeu des muscles l'excitation névrosthénique de la médication ; il y a, en outre, pour tous ceux qui portent des affections des voies urinaires, des raisons mécaniques de se mouvoir le plus possible : les reins sont ainsi aidés à pousser vers les uretères les calculs arrêtés dans leurs cavités ; les vessies paresseuses et délicates accomplissent plus régulièrement leurs fonctions d'excrétion ; hors des cas de dispositions hémorrhagiques ou phlegmasiques de ces organes, les mouvements plus brusques du cheval et de la voiture ne peuvent qu'aider à la cure. Quant aux arthritiques, la bienfaisance pour eux de l'exercice est de notion vulgaire.

VI

Clinique.

Il est à Contrexéville, moins que partout ailleurs, possible de recueillir des observations complètes dans le sens classique du mot.

Que ce soit pour cause de goutte, de rhumatisme ou d'affection des voies urinaires, on y vient chercher, non la guérison plus ou moins prompte d'une entité morbide, mais la modification successive d'états constitutionnels diathésiques : n'étaient donc certains phénomènes partiels, fatalement ou incidentellement éclos de ces perversions radicales de la constitutionnalité, et qui peuvent naître ou cesser par des mouvements coordonnés mais non subordonnés, nos observations pour être complètes devraient embrasser l'existence entière de nos malades. Or, ma pratique de ces eaux ne date que de cinq années, et les malades, ne tenant guère plus compte de leurs propres intérêts que de ceux de l'étude clinique, défient, par leurs inconstantes migrations, toute observation sérieuse et suivie, laissant d'ailleurs l'observateur incertain si leur inconstance doit être attribuée aux déceptions de trop impatientes exigences ou aux illusions de précoces améliorations. Je me bornerai donc à dire ce que j'ai pu observer de l'action médicamenteuse de nos eaux sur les divers états morbides grouppés à nos sources, et des faits de cet ordre qui se sont accomplis sous mes yeux, je ne raconterai que ceux dont j'ai suivi la complète évolution, que ceux d'ailleurs qui offrent un sérieux et spécial intérêt.

1° GOUTTE.

N'ayant ni la mission ni le temps de développer ici une description nosologique complète, et m'imposant pour règle de ne dire que ce que j'ai vu, je rangerai sous trois espèces bien distinctes les malades de ce titre qui fréquentent nos sources.

A. GOUTTE AIGUE. — Je pourrais mieux encore la caractériser par les épithètes *normale* et *régulière*. Dans cette phase de la maladie, les accès sont intenses sans doute et douloureux, mais ils se terminent franchement par des phénomènes crisiaques suffisants, et dans les intervalles très longs en l'espèce qui séparent les attaques, la santé générale du sujet est parfaite.

Les goutteux de cette classe, généralement doués d'une constitution énergique, d'une notable activité des fonctions thoraciques et d'une habituelle pléthore abdominale, offrent les caractères de la diathèse urique. Leurs urines, suracides comme le sont d'ailleurs le plus ordinairement la plus grande partie de leurs produits sécrétoires, leurs urines, dis-je, charrient habituellement des sables rouges, très souvent même des calculs rénaux de même nature ; et fait capital, bien propre à mettre en évidence, sinon la nature intime, au moins la génération phénoménale de la goutte, d'une part, c'est par une surabondante émission d'acide urique que se jugent et se terminent ses attaques aiguës ; d'autre part, celles-ci sont d'autant plus éloignées et menacent le malade d'une agression d'autant moindre qu'il a plus habituellement depuis sa dernière attaque rendu des urines plus sédimenteuses. De l'interprétation de ces faits constants, il résulte pour moi la conviction que le principe goutteux prend son origine dans les conditions organiques et fonctionnelles d'où dépend la production excessive et l'urgence d'excrétion de l'acide urique ; que les accès goutteux rétablissent d'une manière, violente sans doute, mais appropriée, l'équilibre organique ; enfin que le mode le plus efficace de cette réhabilitation crisiaque est, si je puis me servir de ce mot, la débâcle urique par l'appareil sudoral peut-être, par l'appareil urinaire à coup sûr.

Tel est du moins le mécanisme de l'action exercée sur cette maladie par l'eau de Contrexéville ; or, je suis bien fondé à tenir pour bonne cette déduction *ab adjuvantibus*, car j'ai vu, après les auteurs que j'ai cités, maints goutteux notablement améliorés par ce traitement, guéris même, s'il fallait en croire le reconnaissant enthousiasme de quelques-uns d'entre eux, et ils avaient obtenu ces heureux résultats selon le mode et la progression que je vais dire.

Le premier acte de prise de possession de la cure est généralement une manifestation goutteuse, courte et bénigne, mais aiguë sur l'une des articulations coutumières ; elle a lieu dans les cinq ou six premiers jours du traitement ; elle est d'une constance et d'une régularité telles que je puis la prédire, en préciser même assez exactement la date aux nouveaux arrivants. Cette prédiction leur est faite sous forme de souhait, et ce n'est que rigoureuse logique ; car, je le répète, l'eau de Contrexéville compte de nombreux goutteux parmi ses adeptes les plus fervents, et tous sont arrivés par cette voie aux résultats dont ils se louent.

Cette incitation prématurée et pour ainsi dire par inoculation aux manifestations paroxistiques de la goutte ne borne pas ses effets à des phénomènes d'arthritisme ; la sécrétion urinaire prend presque toujours, sous les mêmes influences et à la même date, la suractivité fonctionnelle que j'ai dit lui être spéciale : des sédiments uriques abondants parfois même de nombreux petits calculs de même nature sont rendus par le sujet. L'hypercrisie abdominale ne tarde généralement pas à intervenir avec son efficacité non douteuse quoique moins spéciale d'altération crâsique ; et dès cette date, et dans le cours même de la saison, le malade réalise, par anticipation, les premiers bénéfices de sa cure.

L'articulation ou les articulations récemment envahies reprennent en peu de temps, et d'une manière complète, leur intégrité organique et fonctionnelle ; celles qui, de plus ancienne date, étaient restées sourdement douloureuses, œdématées, engorgées, prennent part à ces mouvements de réhabilitation ; les concrétions tophacées déposées dans leurs tissus s'amoindrissent par une résorption successive ou progressent plus rapidement vers les surfaces par un travail plus actif d'élimination.

L'organisme tout entier du goutteux obéit à ce mouvement de réforme fonctionnelle : son appareil digestif acquiert une énergie nouvelle ; il ressent une aptitude inusitée de tout le système cérébro-spinal. Il éprouve, en un mot, un sentiment de bien-être général que l'un de nos plus spirituels goutteux caractérisait par cette formule : *Rafraîchissement général de la constitution.*

Les bénéfices de la cure Contrexévillaine s'étendent pour le goutteux, bien au-delà des résultats immédiats que je viens de signaler ; l'hiver qui succède à cette première saison dans les cas heureux, mais plus sûrement encore ceux qui succéderont à un deuxième et troisième retour à la source, sont de moins en moins fréquemment et de moins en moins gravement traversés par les orages de la goutte. De nombreux malades ont récupéré d'une manière définitive la liberté de leurs mouvements et le régulier exercice de leurs fonctions. Quelques-uns même de nos anciens habitués affirment qu'après une fréquentation assidue de plusieurs années, ils n'ont plus gardé que quelques rares et insignifiantes manifestations goutteuses.

Je pourrais justifier toutes ces assertions par un grand nombre d'observations, sous des noms généralement très connus ; mais je ne ferais que répéter mes dires sous une autre forme. Quelle utilité, quel intérêt espérer d'ailleurs de telles élucubrations biographiques ?

B. GOUTTE CHRONIQUE. — Sous la forme ou plutôt à l'époque précédente, la maladie sévissait sur un organisme, vicieux sans doute et d'un dynamisme mal équilibré, mais excessif ; elle semblait n'être elle-même qu'une succession d'efforts violents de réhabilitation organique, efficaces surtout, quand ils avaient pour résultat la suractivation des fonctions éliminatrices des téguments et plus spécialement des reins ; sous cette nouvelle forme, ou à cette deuxième époque, la scène est changée ; le dynamisme normal et le dynamisme morbide du sujet sont tombés au dessous de zéro ; ses fonctions viscérales, aussi bien que ses actes organiques, portent l'empreinte de l'imperfection et de l'allanguissement. Sa maladie ne se compose plus de crises actives, séparées par des intervalles plus ou moins prolongés de bonne santé ; elle est continue, et cette continuité est seulement traversée par des assauts crisiaques avortés, qui compliquent le désordre au lieu de le réprimer.

La goutte est devenue podagre, en un mot, et de ce nouveau groupe morbide je ne veux que détacher ce qui se relie plus directement à la spécialité de notre traitement. Les sécrétions du malade, suracidés à la première époque, passent à l'alcalinité. Les phosphates basiques se substituent à l'acide urique dans ses urines, dans ses sueurs sans doute, et dans les liquides qui sont versés au voisinage de ses articulations. Parallèlement et solidairement en quelque sorte, ses séreuses et ses muqueuses sont le siége passif d'une habituelle hypercrinie. Sous ce type, la diathèse phosphatique s'est nettement dessinée en opposition avec la diathèse urique.

Tous les goutteux de ce degré, que j'ai observés aux sources de Contrexéville, présentaient dans leurs antécédents l'un des faits suivants : ils étaient arrivés par l'irrésistible courant des années aux phases décroissantes de leur âge et de leur maladie ; ils avaient usé d'une manière précoce leurs ressources dynamiques par d'habituels excès ou par un régime vicieux ; ils avaient été assaillis par de graves ébranlements moraux ; ils avaient fréquemment eu recours à l'un de ces traitements décevants, composés surtout d'évacuants, qui n'affaiblissent la maladie que d'autant qu'ils débilitent le malade ; ils avaient cédé à l'entraînement général pour la médication alcaline, poussée jusqu'à l'abus qui lui est spécial, qui, pour les goutteux surtout, est plus près qu'on ne le pense de l'opportunité d'indication, et en face de laquelle la médication Contrexévillaine peut nettement poser son appel de vicieuse logique et de dangereuse pratique, elle qui, alcaline aussi, guérit surtout ou améliore les goutteux et leurs consorts les graveleux d'autant qu'elle les désalcalinise.

La goutte, ainsi dégénérée, fournit les exemples les plus remarquables de l'efficacité de l'eau de Contrexéville, et les heureux effets qu'elle en éprouve peuvent se résumer en une réhabilitation organique et fonctionnelle générales, en même temps qu'en un retour plus ou moins complet de la maladie à ses conditions primitives de puissance paroxistyque et crisiaque.

M. le comte L........x, âgé de soixante-cinq ans, d'une constitution sèche et nerveuse, goutteux depuis son adolescence, n'avait qu'à se louer de sa fréquentation de Contrexéville. Cependant, cédant aux instances de quelques amis, il prit pendant trois saisons consécutives les eaux de Vichy à leurs sources, et fit usage de bicarbonate de soude dans les intervalles. En 1854, il reprit le chemin oublié de Contrexéville, et se présenta à mon observation dans l'état suivant : Le malade porte dans toute son économie les traces d'une débilitation organique générale ; ses téguments décolorés sont froids et arides au toucher ; son pouls est mou, petit et dépressible ; ses mouvements sont lents et incertains ; ses articulations inférieures sont œdématiées ; sa figure l'est aussi et spécialement dans les régions palpébrales ; l'œil est terne, la physionomie atone ; l'estomac repousse les aliments par des vomissements abondants de matières muqueuses ; le désordre, plus grave encore des fonctions cérébrales, justifie les probabilités d'une suffusion séreuse ou d'un ramollissement.

Des douleurs encéphaliques, accompagnées de vomissements, se manifestaient tous les matins sous une forme assez nettement intermittente : je soumis d'abord le malade à la médication antipériodique ; au cinquième jour, il éprouvait une notable amélioration des symptômes cérébraux, et pouvait prendre l'eau minérale sans la vomir, comme il l'avait fait jusque là. Chacun des jours de la cure qui suivirent apporta son amélioration à cette grave symptomatologie et le comte L........x repartit doté du ton organique, de la régularité fonctionnelle, de l'aptitude cérébro-spinale de ses meilleurs jours. A son retour, en 1856, je le retrouvai jouissant encore des bénéfices de cette remarquable réhabilitation ; il avait eu, pendant l'hiver, une courte attaque de goutte aiguë. Cette deuxième saison n'offrait rien de spécial que le charriement de trois graviers d'acide urique et d'une notable quantité de sable de même nature.

C. GOUTTE IRRÉGULIÈRE. — Celle-ci dépose clairement en faveur de l'opportunité relative de l'évolution normale et intégrale des phases paroxistiques de la goutte, car elle se spécialise non moins par ses dangers que par l'imperfection et l'irrégularité de ses manifestations. Je n'entreprendrai pas d'énumérer les diversités nombreuses de forme et de siége sous lesquelles je l'ai observée et qui embrassent une longue série, depuis la simple maculation goutteuse des organismes les plus divers jusqu'aux plus graves agressions viscérales ; je me bornerai à signaler le rôle spécial de l'urimie dans le diagnostic et dans la symptomatologie de cette forme de la goutte. Je dis donc que, d'une part, le fait seul d'une excrétion anormale d'acide urique a suffi pour fixer mes incertitudes sur la nature essentielle de phénomènes morbides indéterminés ; que, d'autre part, la corrélation est surtout manifeste ici entre le succès de la cure et la provocation à une attaque goutteuse aiguë sur l'un des points d'élection normale, accompagnée ou suivie d'une diurèse copieusement sédimenteuse.

Quelle apparente contradiction qu'il puisse en résulter pour l'opinion que je me suis formée à Contrexéville, et que j'ai exprimée dans ce travail sur le rôle spécialement crisiaque de la diurèse excrémentitielle dans les affections goutteuses, je dois avouer que dans un certain nombre de cas, trop nombreux pour être exceptionnels, j'ai vu l'influence de la cure, nulle sur l'excrétion urinaire, modifiée dans sa quantité, mais nullement dans la nature et les proportions de ses éléments constituants, progresser parallèlement aux phénomènes d'une copieuse hypercrisie intestinale; des selles abondantes, multipliées, fétides, la résolution progressive de divers engorgements abdominaux, hépatiques surtout, et malgré l'intensité et la longue durée de ce flux intestinal, l'exaltation progressive des forces générales et spéciales du sujet : tels étaient, dans tous ces cas, les seuls résultats apparents de la médication, au moins pendant le cours de la saison.

2° RHUMATISME.

Ce n'est pas ici le lieu d'établir nosologiquement les caractères différentiels du rhumatisme et de la goutte; la réputation toute spéciale de nos eaux attire surtout ici les cas où la consanguinité des deux maladies est le mieux établie, et de l'étude assidue de la promiscuïté morbide, dite goutte rhumatismale ou rhumatisme goutteux, je n'ai pu tirer que les quelques propositions suivantes : Le fait étiologique d'où naît le rhumatisme fébrile improvise en quelque sorte, avec toute l'intensité de sa brusque incidence, les conditions organiques de la diathèse goutteuse; le rôle important que joue l'excrétion urique dans les phénomènes terminaux de la maladie, justifie surtout cette assertion. Ce fait incidentel et d'origine extérieure peut se continuer en une évolution diathésique, si le sujet a été surpris dans les conditions organiques de la diathèse urique, et cette concordance d'origine rhumatismale et de syncrasisme goutteux se perpétue sous les formes dites rhumatisme goutteux ou goutte rhumatismale. Ou bien, il peut rester fait unique et isolé ; ou bien, ce qui est le plus fréquent, il est bien plus précocement que la goutte essentielle suivi des phénomènes atones et passifs inefficaces de la chronicité morbide et de la débilitation constitutionnelle, parce que la crise initiale a été relativement excessive, parce qu'elle a presque toujours sévi sur un organisme doué de peu de réaction et soumis à des habitudes diététiques déprimantes, parce que, d'ailleurs, cet organisme est généralement resté sous l'influence permanente des causes auxquelles il a une première fois succombé : ceci est le rhumatisme pur chronique, constitutionnellement très voisin de ce que j'ai nommé goutte phosphatique, et ne s'en distinguant guère que par la spécialité de ses sévices sur les tissus fibreux.

Il était à prévoir, et journellement l'expérience le démontre, que la médication Contrexévillaine agirait similairement sur les affections rhumatismales en ce qu'elles ont de similaire avec les affections goutteuses ; quant aux désordres fonctionnels spéciaux, infligés par la première de ces maladies aux appareils légamenteux et musculaires, ils réclament les ressources auxiliaires de nos douches, qui secondent très heureusement les effets de la cure.

En 1853, deux femmes vinrent à nos eaux de l'un des villages voisins ; l'une, âgée de quarante ans, fille, lymphatique, à chairs flasques et œdématiées, accusait dans toutes ses articulations des douleurs vagues, devenues permanentes de mobiles qu'elles avaient été dans l'origine, accompagnées d'une gêne extrême dans les mouvements, mais sans traces d'engorgements ; elle présentait, en outre, tous les caractères de la chloro-anémie la plus complète. L'autre, mère de famille, âgée de cinquante ans, vivant dans la gêne et les privations, émaciée, à peau sèche et terreuse, était réduite à une immobilité presque absolue, par un état permanent de douleurs articulaires et d'inertie musculaire de toute la région spinale, des membres thoraciques et spécialement des membres pelviens. Toutes deux furent soumises à l'usage simultané de l'eau en boisson et des douches froides, en pluie sur toute la surface tégumentaire, en jet unique sur les articulations des membres ; pour la seconde, cette dernière douche dut être spécialement promenée de haut en bas et de bas en haut dans toute la région spinale.

La première ne tarda pas à se plaindre d'une recrudescence de douleurs aiguës vers les genoux et les pieds, en même temps que sa menstruation se régularisait et que son organisme tout entier offrait tous les caractères sensibles d'une énergique dynamisation. Elle repartit après vingt-un jours complétement métamorphosée à ce point de vue, avouant bien plus de liberté dans le jeu des muscles, mais conservant encore un certain degré de l'acuïté arthritique produite par le traitement. A peu de temps de là, cette malade, que j'ai eu plusieurs fois occasion de revoir, récupéra une plénitude de santé et une aptitude musculaire et articulaire qui lui étaient inconnues depuis bien des années.

La seconde recouvra, par une progession plus rapide encore, l'usage de ses membres inférieurs, voués à l'inertie, moins encore du fait du rhumatisme localisé que consécutivement aux lésions rhumatismales des enveloppes de la moëlle, et ne tarda pas à venir seule à la source et à la douche, où d'abord on était obligé de la porter. Cette malade ne poursuivit malheureusement pas une cure aussi inespérée par une suffisante insistance du traitement ; des rapports équivoques et incertains me portent à croire qu'elle a successivement perdu les bénéfices de son traitement.

3° GRAVELLE.

Une partie de l'histoire de cette maladie appartient aux diathèses, une autre partie est du ressort de la pathologie spéciale des organes urinaires ; pour plus d'unité clinique, je ne tiendrai ici aucun compte de cet ordre.

Pour la généralité des médecins, la source de Contrexéville coule excessivement au profit de cet ordre de malades, et si n'étaient les étroites affinités de la goutte et de la gravelle, si n'étaient encore les fréquentes complications de cette dernière par les désordres variés de l'appareil digestif, des organes génito-urinaires et de tout le système organique, une notable part des vertus curatives de nos eaux resterait encore ignorée.

Sur cent des graveleux qui fréquentent Contrexéville, quatre-vingt-dix sont atteints de gravelle rouge pour dix qui présentent la gravelle blanche.

A. GRAVELLE ROUGE. — Ceux de la première catégorie ont le plus souvent un pied dans le camp de la gravelle et un pied dans celui de la goutte ; à ne tenir aucun compte de la spécialité des lésions articulaires de celle-ci, il serait d'ailleurs difficile de les trier à l'œil ; je dois dire cependant que, d'une part, les caractères d'habitudes congestives et spécialement de pléthore abdominale, sont plus spéciaux aux goutteux qu'aux graveleux ; que, d'autre part, ces derniers, pour leur plus petit nombre, il est vrai, se recrutent plus indistinctement dans les conditions les plus variées, souvent même les plus opposées de dynamisme organique et fonctionnel ; il paraîtrait par-là que la gravelle rouge répond à un moindre degré de la diathèse urique que la goutte, présomption qui s'étaye, en outre, de la plus grande fréquence de l'origine héréditaire de la goutte et de la moindre continuité morbide de la gravelle.

L'étiologie de cette dernière est beaucoup plus complexe que ne le comporte la théorie émise par Magendie et généralement adoptée : elle se résume sans doute en une opportunité et en une effectivité plus ou moins efficacement proportionnées de défécation organique par les voies urinaires, si je puis oser cette locution ; mais cette synthétique unité se compose de titres bien divers, souvent même discordants au premier aspect. Régulièrement interrogés par moi sur leurs antécédents, les graveleux m'ont donné les renseignements suivants : Un certain nombre, en effet, avouent des habitudes de régime surazoté et surabondant ; beaucoup d'autres, irréprochables à cet égard, accusent des habitudes d'inaction, par paresse ou par devoir. Les uns sont sujets à d'abondantes transpirations, corrélatives d'une excessive concentration du liquide urinaire ; d'autres, au contraire, ont vu se supprimer accidentellement d'habituelles sueurs partielles ; ceux-ci sont, selon leur expression, constamment échauffés du ventre ; ceux-là présentent une alternance de crises hémorroïdaires et de débâcles uriques. Les habitudes dyspepsiques, les ébranlements nerveux, des commotions morales ou passionnelles sont fréquemment allégués, les premières surtout.

Des femmes, jeunes encore, stériles ordinairement, d'une menstruation insuffisante relativement à leur constitution pour cause de déviation ou de toute autre pertubation fonctionnelle de l'appareil utérin, suppléent, en quelque sorte, à l'imperfection de ce mode de désanimalisation qui leur est spécial par la suranimalisation de l'excrétion urinaire. D'autres femmes, plus âgées, destituées de leurs évacuations mensuelles, quoique pléthoriques encore, offrent une suppléance de même ordre, fréquemment alternée ou compliquée par des habitudes hémorroïdaires. Accidentellement et rarement, c'est une concrétion urique qui se forme pour cause de ralentissement du cours des urines en quelque point des voies qu'elles parcourent : ce cas se compose d'ailleurs de la coïncidence de l'état local que je viens de dire avec l'une des causes générales que je viens d'énumérer.

L'évolution urimique se compose des termes suivants : 1° urines suracides, mais ne déposant pas ; 2° urines ne déposant des cristaux d'acide urique qu'après leur émission et par le refroidissement ; 3° charriement plus ou moins habituel de sables rouges tout formés ; 4° formation de concrétions uriques plus ou moins volumineuses qui sont entraînées hors des voies urinaires ou stationnent ou même adhèrent en quelque point de leur étendue.

1° La suracidité des urines, phénomène normalement coordonné avec un degré élevé de dynamisme organique, ne figure dans cet ordre nosologique que par l'irritation topique et l'excitation spasmodique qui peuvent résulter de leur contact habituel sur les surfaces urinaires. Je développerai plus bas le rôle de cette irritation dans la maladie qui nous occupe ; je me borne à dire qu'il y a utilité, plutôt préventive que curative, à diluer de telles urines par une eau essentiellement diurétique et d'une action topique parfaitement anodine comme est l'eau de Contrexéville.

2° Cette forme oscille entre la précédente et la suivante, et se confond avec l'une ou avec l'autre.

3° Le sédiment est uniquement formé de cristaux losangiques parfaitement réguliers d'acide urique, où il est en plus ou en moins grande partie composé de petites concrétions amorphes, agrégations rudimentaires de cristaux unis par un peu de matière animale. Dans les cas purs de diathèse urique avec intégrité des organes urinaires, ils sont rouge brique, ou bien ils sont rouge brunâtre, ou orangés, ou roses, ou grisâtres : un mot de ces nuances diverses.

L'acide urique pur est blanc; il ne prend la teinte rouge brique qu'au contact de l'acide azotique et de l'ammoniaque ; se passerait-il dans les reins un phénomène de ce genre? Quoi qu'il en soit, je le répète, les sédiments de cette nuance ne signifient rien de plus qu'une élimination anormo-normale par des organes sains.

La teinte marron, plus ou moins foncée, se rapporte presque toujours à un certain degré d'exhalation sanguine; elle doit éveiller l'attention sur l'état des reins, quand elle est habituelle. Souvent d'ailleurs le sédiment est mêlé de petits caillots, ou l'urine elle-même est légèrement colorée par du sang qui peut aussi provenir des canaux ou des réservoirs de ce liquide.

La teinte jaune-orange est celle de l'urate d'ammoniaque; elle se rapporte plus spécialement à la diathèse rhumatismale, ainsi que la teinte grise, qui, presque toujours, suppose une certaine proportion de phosphates basiques, de mucus et même de caillots sanguins, décolorés, mêlés à l'acide urique. Ces deux formes, la dernière surtout, doivent appeler l'examen sur l'état local des voies urinaires.

La teinte rose, attribuée à une modification de l'acide urique, dite acide *purpurique* ou *rosacique*, se rapporte chimiquement à une surazotation de l'acide urique, et pathologiquement à un certain degré de surexcitation fébrile générale. Elle est transitoire et éphémère, comme le sont les phénomènes paroxistiques eux-mêmes, le plus souvent subordonnés à un état rhumatismal ou reconnaissant pour cause unique le fait instantané d'une surexcitation de l'organisme par quelque excès diététique ou passionnel.

Le charriement généralement discontinu du sable urique est l'habitude anormalement normale des sujets soumis à la diathèse constitutionnelle, que j'ai qualifiée diathèse urique. Il se produit accidentellement dans toutes les conditions constitutionnelles possibles, sous les influences étiologiques que j'ai énumérées; mais ce n'est guère que dans le premier de ces deux cas qu'il prend assez de permanence pour parcourir la série ascendante que je vais dire.

L'acide urique en excès continue à être excrété sous forme de sable, tant que la filière des voies urinaires conserve sa perméabilité native et son intégrité organique, et tant que solidairement l'urine offre sa crâse normale. Il se concrète en graviers et en calculs dans les conditions opposées. En d'autre terme, ces concrétions se forment quand la muqueuse urinaire, phlegmatiée par l'action topique elle-même de l'acide urique cristallisée, ou par tout autre cause, est le siége de sécrétions plus plastiques, capables de relier entre elles les parcelles uriques éparses; quand celles-ci sont retenues sur quelques point de la filière déformée, soit par les phénomènes organiques, congestifs et spasmodiques de l'état phlegmasique que je viens de noter, soit par les progrès naturels de l'âge, soit par toute autre cause siégeant même hors de cette filière, mais de nature à produire par contiguïté les phénomènes que je viens de spécifier; il y a même lieu d'admettre que le fait seul d'une excessive saturation urique du liquide sécrété par le rein peut suffire à la production des calculs sans l'intervention de ces circonstances; car j'ai fréquemment reçu à nos sources des sujets parfaitement bien portants, n'accusant aucune douleur vers les reins, ni aucun désordre dans la miction, et qui rendaient, en quelque sorte sans s'en apercevoir, des quantités souvent considérables de calculs uriques.

Leur formation peut être très lente ou très rapide. En général, chez les diathésiques, le charriement cesse pendant deux, quatre ou six jours avant l'apparition d'un calcul; dans un certain nombre de cas, leur développement est en quelque sorte instantané, et l'expulsion suit de très près l'intervention du fait auquel paraît se rapporter leur formation; il est des cas, au contraire, où les phénomènes apparents ou bien simplement les probabilités de leur évolution embrassent un long espace de temps qui peut se compter par années.

La symptomatologie de cette affection se compose à peu près uniquement de celle des maladies des voies urinaires, dont elle peut faire partie comme cause ou comme effet; par elle-même, elle est nulle ou se borne à un certain degré d'endolorissement habituel de l'une des deux régions rénales ou plus rarement des deux. Cette douleur s'accompagne d'une gêne des mouvements du torse; elle prend le caractère pongitif à l'occasion de certains mouvements, et s'exaspère sous l'influence de certaines infractions hygiéniques. Dans les cas où cette symptomatologie a acquis une certaine intensité, la palpation du malade fait reconnaître une sensibilité plus ou moins vive à la pression dans l'une des régions rénales, quelquefois même un certain degré d'augmentation de volume de la glande. L'altération des urines par du sang, par du mucus, par du pus, se rapporte bien plus aux phénomènes de progression du calcul à travers les voies urinaires qu'à ceux de la formation et du séjour de ce corps dans la cavité du rein.

La scène pathologique dite crise néphrétique peut reconnaître pour cause une agression phlegmasique ou rhumatismale ou même névropathique du rein; mais quatre-vingt-dix fois sur cent, elle se compose des agressions d'un calcul charrié des bassinets vers la vessie. L'intensité des phénomènes pathologiques est bien plus proportionnelle aux degrés de plus ou moins parfaite intégrité de tissu, de plus ou moins active nervosité, de plus ou moins facile perméabilité native de la filière réno-vésicale qu'au volume du calcul lui-même; j'ai reçu de fort petites concrétions à la suite de crises néphrétiques très intenses et *vice versâ*. Les irrégularités de forme, les aspérités de contour, sont aussi des circonstances agravantes; mais à leur sujet comme à celui des excès de volume, je dois faire remarquer que la plupart des graveleux, ceux au moins qui conservent l'intégrité de leurs organes urinaires, voient successivement s'amoindrir les accidents de leurs crises calculeuses, comme si leurs voies urinaires perdaient successivement leur susceptibilité nerveuse ou prenaient plus d'ampleur.

B. GRAVELLE BLANCHE. — Je dirai en quoi diffère celle-ci de la précédente, sans tenir compte des autres variétés nombreuses de composition chimique des calculs admises par les auteurs, parce qu'elles n'apportent rien de spécial à l'étude clinique de l'action anticalculeuse de l'eau de Contrexéville.

J'ai dit qu'il existe une diathèse phosphatique essentielle, dont j'ai tracé les principaux caractères; j'ai ajouté que le plus souvent celle-ci n'était que la dégénération et en quelque sorte l'état chronique de celle-là; il doit donc y avoir, et il y a en effet une gravelle phosphatique essentielle; mais tandis que la gravelle urique est toujours l'expression d'un vice général de l'organisme, la gravelle blanche n'a ce caractère que très exceptionnellement et se rattache le plus souvent aux conditions pathologiques spéciales des organes où elle prend naissance.

Il serait intéressant de rechercher si, par analogie avec la diathèse précédente, celle-ci a pour fait dominant l'élimination par les voies urinaires d'une proportion surabondante de phosphates calcaires et magnésiens ; je suis porté à le croire, mais mes recherches ne me permettent pas encore d'affirmer. Le fait d'observation constante c'est que les urines qui laissent déposer des sédiments phosphatiques, d'une part appartiennent à des sujets organiquement et dynamiquement débilités ; d'autre part présentent des caractères chimiques d'acidité inférieure ou de neutralité ou même d'alcalinités suffisants à rendre compte de leur insolubilité et de leur habituelle association avec du mucus libre. Quant à l'intervention de l'ammoniaque comme base dans la constitution de ces dépôts, elle se relie toujours à des désordres organiques et fonctionnels tels des organes urinaires que, d'une part, les sécrétions sont viciées, que, d'autre part, l'excrétion est ralentie.

Les concrétions phosphatiques par élimination rénale sont généralement multiples, lisses, polies et de forme régulière ; leur expulsion s'accompagne rarement d'accidents néphrétiques intenses ; mais moins en raison de leur nature propre que des conditions concomitantes de lésions organiques ou d'imperfections fonctionnelles des voies urinaires, elles sont, bien plus que les concrétions uriques, sujettes à s'arrêter dans la vessie. A moins d'un trop long séjour dans les voies urinaires, elles sont peu consistantes, quelquefois même elles arrivent diffluentes au dehors, encore amorphes, faciles à écraser.

Le fait local et topique de sécrétion ou de précipitation de phosphates insolubles a une bien plus grande importance nosologique que le précédent.

Il a pour siége toute l'étendue de l'appareil urinaire depuis le rein jusqu'au méat; ses conditions génératrices sont un état de phlegmasie chronique, étendue aux tissus propres ou bornée à la membrane tégumentaire, secondé par la perversion fonctionnelle des tissus contractiles de cet appareil et d'une manière plus efficace encore par les déformations de la filière urinaire dilatée, rétrécie, obstruée. Ces conditions se trouvent souvent réunies ; chacune d'elles, prise isolément, suffit à produire la phosphaturie.

Celle-ci n'est donc à ce nouveau point de vue que l'une des expressions morbides des divers états que je viens d'indiquer ; mais elle devient elle-même l'une de leurs complications les plus importantes. Ainsi, l'infiltration interstitielle, la concrétion plus ou moins volumineuse et le charriement plus ou moins difficile des bassinets aux uretères et de ceux-ci à la vessie, jouent un rôle important dans les affections catarrhales et suppuratives des reins ; ainsi nulle n'ignore quelle large part prennent les phosphates à la génération et surtout à l'accroissement des pierres vésicales. Je ne veux ici insister que sur un seul fait de cet ordre, que j'ai plusieurs fois observé à Contrexéville et que je crois moins connu que les précédents.

Les phosphates déposés dans la cavité vésicale ne proviennent pas uniquement des reins ou de la précipitation par le liquide urinaire devenu neutre ou alcalin ; la membrane mucipare qui lapisse l'organe est elle-même le siége d'une sécrétion phosphatique parfois très abondante. Les phosphates de cette provenance paraissent s'épancher dans l'épaisseur de la membrane folliculaire vésical et y adhérer. A ce degré, la sonde exploratrice constate dans l'étendue du trigone une dureté inusitée et une surface rugueuse ; successivement de nouvelles couches s'ajoutent aux premières ; elles finissent par faire saillie au dessus de la surface, tantôt en une seule concrétion irrégulière mamelonnée, tantôt en un certain nombre de mamelons de même nature.

Dans plusieurs des cas que j'ai observés, ces végétations phosphatiques avaient pour siége le sillon vésico-uréthral de la prostate plus ou moins volumineuse et déformée. Il est à présumer qu'à une époque de leur évolution, ces masses phosphatiques se détachent et deviennent libres dans la cavité vésicale ; mais j'ai constaté diverses fois cette adhérence et ne puis que présumer cette progression ultérieure.

J'ai longuement insisté sur l'action médicatrice de l'eau de Contrexéville dans les deux états diathésiques spéciaux qui régissent, l'un, la gravelle urique, l'autre, la gravelle phosphatique ; j'ai analysé en outre les phénomènes physiques, chimiques et dynamiques auxquels cette eau doit son antique et légitime réputation anticalculeuse : il ne me reste qu'à ajouter en surcroît quelques remarques spéciales.

Au point de vue des sables uriques, la progression de la cure est la suivante :

Dans les premiers jours, leur excrétion est notablement activée chez les sujets qui y étaient soumis antérieurement, provoquée même chez ceux qui en étaient exempts depuis plus ou moins de temps. A la deuxième époque, celle où se résout la surexcitation fonctionnelle initiale, les urines charrient de moins en moins et finissent par perdre leur caractère sédimenteux. Vers la fin de cette deuxième époque, elles offrent souvent dans le vase de nuit un léger nuage muqueux, rosé, flottant au dessus du fond. Si la cure est poursuivie au-delà des limites de bienfaisance que je lui ai assignées, l'urine reprend ses habitudes sédimenteuses, exagérées même parfois, et le dépôt muqueux prend plus de consistance et de plasticité.

Les sédiments phosphatiques, par une progression continue plus ou moins rapide, mais très facilement interrompue par les erreurs hygiéniques des malades, sont de moins en moins abondants et de moins en moins mêlés d'un mucus de moins en moins compact. J'ai vu dans le cours d'une saison des sédiments rouges succéder aux sédiments phosphatiques de certains malades exceptionnellement dynamisés.

En l'état d'intégrité complète de l'appareil urinaire, les calculs, parfois même les plus volumineux, sont éliminés avec une facilité et une promptitude remarquables sous l'influence de nos eaux. Je citerai entre autres le fait suivant :

M. M....., de Chartres, âgé de soixante ans, de taille moyenne, sanguin, très valide et d'humeur joyeuse, avait de loin en loin, depuis des années, des crises néphrétiques fort douloureuses, suivies de l'expulsion de un ou deux calculs uriques peu volumineux. Quelques bouteilles d'eau de Contrexéville, bues à son domicile, ayant, selon son expression, rafraîchi beaucoup ses reins, il vint en 1856 boire cette eau à sa source. Pendant les vingt-un jours de son traitement, il rendit, sans la moindre douleur, sans la moindre gêne, sept cents calculs uriques, d'un volume variable entre une tête d'épingle et un grain de chenevis. Il serait par trop naïf d'admettre que ce sujet fût arrivé ici portant toute formée dans ses reins une telle collection de calculs; sans aucun doute, il en formait de nouveaux aussi vite qu'il les rendait et les rendait aussi vite qu'il les formait; mais il n'y a dans cette interprétation rien d'attentatoire à la réputation spéciale de notre source. Je l'ai dit et j'y insiste, notre principal résultat et notre grand mérite sont l'incitation d'une copieuse cure unique ;

en réhabilitant l'intégrité organique et sécrétoire des reins, nous faisons en outre disparaître la tendance de cette élimination à prendre la forme concrète, en même temps que nous créons mécaniquement et dynamiquement aux détroits urinaires une perméabilité inusitée ; mais, d'une part, ce malade ne pouvait en une seule saison réaliser tous les termes de ce programme ; d'autre part, à la collection la plus complète des attributs de la constitution superurique, il joignait une des manifestations les plus significatives en même temps que la plus bizarre de la diathèse urique ; il avait, en un mot, le masque couperosé et la partie inférieure du nez déformée par de nombreuses hypertrophies folliculaires. J'ai observé la coïncidence de ces caractères physiognomoniques avec l'urimie dans un si grand nombre de cas, que je n'hésite pas à lui donner une place importante dans le diagnostic de cette diathèse.

Une douleur rénale plus ou moins aiguë et plus ou moins permanente, un certain degré de dyspepsie ou de prédisposition nauséeuse, une limpidité inusitée d'urines habituellement sédimenteuses, un plus ou moins long espace de temps écoulé depuis une dernière crise néphrétique, indiquent, à l'arrivée, chez un certain nombre de nos hôtes l'existence de un ou de plusieurs calculs retenus encore dans la cavité des bassinets ; ces calculs n'ont annoncé leur engagement et leur progression dans les uretères par aucun des symptômes sympathiques qui s'étendent aux régions iliaques, aux bourses et jusqu'à la verge. En de telles conditions, le malade est soumis à l'usage de l'eau en boisson, parfois même à l'usage des douches lombaires, si elles ne sont pas contre-indiquées par une trop vive sensibilité de cette région.

Quel sera l'effet du traitement chez un tel malade ?

A peine une fois sur vingt, la crise d'expulsion aura lieu dans les premiers jours de la cure ; dans la majorité des cas, elle ne se manifestera que vers le déclin de la saison, à l'époque de détente que j'ai décrite ; ou bien encore elle sera retardée jusqu'au retour du malade dans ses foyers, et plus elle sera tardive, plus elle sera anodine, comme je l'ai maintefois observé, comme pouvait d'ailleurs le faire prévoir ce que j'ai dit des propriétés chimiques, mécaniques et vitales de nos eaux. Cette bien moindre intensité des charriements tardifs que de ceux trop précoces est plus marquée encore pour les concrétions phosphatiques, bien plus accessibles, je l'ai dit, à l'action désagrégeante de notre eau ; en voici un exemple :

Un chaudronnier, âgé de soixante ans, rhumatisant, débilité, vint à Contrexéville au commencement de la saison de 1854. Une douleur permanente du rein gauche, des urines catarrhales, l'émission fréquente de calculs blancs l'avaient déterminé à ce voyage. Le mouvement de la voiture accéléra la chute dans la vessie d'une concrétion phosphatique exceptionnellement volumineuse. Celle-ci s'engagea et se logea dans la portion bulbeuse du canal de l'urètre dès le second jour du traitement. Il était facile de la sentir à travers les tissus de la verge qu'elle distendait sensiblement en ce point. L'émission de l'urine n'en éprouvait aucun gêne ; rien ne me pressait d'intervenir, je préférai observer. Au neuvième jour, le malade m'annonça avec joie qu'il avait, sans aucune douleur, pissé son calcul en bouillie.

L'eau de Contrexéville peut-elle guérir sans retour l'affection calculeuse ? Si, négligeant les déductions des propositions émises déjà dans ce travail sur la nature de cette affection et sur l'action médicatrice de notre eau, je consulte, pour cette réponse, seulement les faits accomplis sous mes yeux, voici ce que je trouve : Un certain nombre d'anciens habitués de Contrexéville, revenus à la source par précaution ou par reconnaissance, selon leur expression, m'ont affirmé que depuis des années ils étaient complétement exempts des crises néphrétiques auxquelles ils étaient sujets avant leur traitement. Quelques-uns rendaient encore de loin en loin d'inoffensifs calculs ; d'autres ne rendaient plus rien ou seulement quelques sédiments accidentels. Quant aux calculeux dont la fréquentation a commencé sous mes yeux, ceux d'entre eux qui se sont soumis à une succession de deux, trois ou quatre années de traitement, m'ont généralement accusé une amélioration successive, qui, pour quelques-uns, paraît être une guérison. D'autres ont cessé de venir sans qu'il me soit possible de savoir si c'est pour motif de guérison ou pour des raisons contraires ; quelques autres enfin sont revenus après une lacune d'une ou deux années passées sans crises, ramenés par la crainte que leur inspirait la réapparition de quelques nouvelles concrétions plus ou moins inoffensives.

4° PIERRE.

Dans ses rapports avec la cure Contrexévillaine, les seuls dont je veuille m'occuper, la pierre se présente sous des titres divers que je vais brièvement passer en revue.

Elle est libre ou adhérente, unique ou multiple, d'un volume considérable ou de très peu disproportionné avec le calibre du canal uréthral, dure ou molle, lisse ou rugueuse, dense, sonore au contact du cathéter, ou d'un contact mat et pour ainsi dire pâteux ; l'organe qui la recèle jouit de son intégrité organique et fonctionnelle, ou bien est le siége de diverses altérations.

Dans son plus grand état de simplicité et de primitivité,

la pierre consiste simplement en un calcul tombé des reins avec un volume supérieur à la capacité du canal de l'urèthre ; la symptomatologie en est fort incertaine, nulle même, ou consiste en troubles passagers dans l'émission des urines et surtout en sensations de chaleur ou de demangeaisons ou d'élancements au gland et au prépuce. Il faut explorer avec grand soin la capacité vésicale au moyen du cathéter et souvent à plusieurs reprises pour obtenir la notion certaine de ce cas obscur.

Les malades de cette catégorie sont soumis sans hésitation à l'usage de l'eau en boisson. La vessie est saine, le calcul peut offrir cette prédominence d'éléments organiques ou cette composition phosphatique qui, je l'ai dit, le rendent plus accessible à l'action chimique de nos eaux ; d'autre part, la contractilité des parois vésicales va s'accroître notablement en même temps que le canal uréthral prendra une ampleur inusitée ; il y a espoir d'arriver à une plus ou moins prompte expulsion du corps étranger par les voies naturelles. Ce résultat, en de telles conditions, est fréquent à Contrexéville ; j'ai surtout été témoin du fait suivant : Le malade était arrivé à la source avec tous les signes et les symptômes de l'existence d'un calcul dans l'un des reins ; à une époque plus ou moins avancée de sa cure, il avait éprouvé tous les phénomènes du déplacement, du cheminement et de la chute de son calcul dans la vessie. A dater de là, il avait pendant quatre, six, huit jours présenté la nouvelle série phénoménale caractéristique du séjour d'un corps étranger dans la vessie, puis il avait expulsé dans un énergique effort de propulsion de l'urine ce calcul qui, selon toute probabilité, livré à lui-même, serait devenu permanent. J'ai cité plus haut un cas où, grâce à sa composition chimique, le calcul s'était complétement désagrégé, je pourrais raconter un grand nombre de faits de ce genre.

Si, de ces concrétions libres et peu volumineuses, nous passons aux concrétions adhérentes et spécialement à l'espèce particulière que j'ai décrite, fussent-elles plus volumineuses, et celles que j'ai observées l'étaient en effet, le mieux à faire encore est de soumettre le sujet à l'usage de l'eau. La pierre est de nature phosphatique, peu dure en général, et d'une texture où prédomine le mucus concrété; la vessie est généralement plus malade que dans le cas précédent. Mais l'immobilité elle-même du corps étranger est une garantie contre les dangers topiques d'un rude contact; des fragments plâtreux et comme diffluents, évidemment détachés de la masse, ne tarderont pas à être entraînés par les urines. Les injections vésicales de l'eau minérale sembleraient devoir avantageusement seconder le traitement; je n'ai pas trouvé encore de circonstances opportunes pour les essayer, mais je suis intervenu dans le résultat d'une manière plus efficace encore : toutes les fois que nulle contre-indication ne s'y est opposée, j'ai journellement introduit la sonde d'argent dans la vessie du sujet, et j'ai exercé sur les concrétions des frictions répétées destinées à en accélérer la désagrégation et l'énucléation.

Un Lyonnais, lithotritié deux ans auparavant par notre habile confrère Barrié, fut envoyé par lui à notre source, en 1855; sa santé générale était débile, il éprouvait des douleurs permanentes au périnée, ses urines étaient catarrhales, phosphatiques et ne coulaient qu'imparfaitement; son canal uréthral offrait une étroitesse comparable à celle d'un enfant (il était âgé de quarante ans), et était, en outre, doué d'une extrême nervosité. Une première exploration, faite avec des ménagements inouïs, me fit reconnaître au centre même du trigône vésical une incrustation phosphatique peu saillante et d'une surface à peu près égale à celle d'une pièce de un franc. Le premier tiers de la cure fut assez orageux pour ce malade et l'obligea à recourir à des bains tièdes pour modérer une excitation trop vive de la vessie ; bientôt l'amélioration se dessina franchement, non moins au point de vue de l'état local, que de la santé générale ; je pus introduire bien plus aisément la sonde métallique et me livrer à la manœuvre que j'ai indiquée : à la suite, les urines devenaient notablement sédimenteuses, mêlées de grumeaux phosphatiques et muqueux. Une dernière exploration faite la veille du départ de ce sujet me permit de constater la complète disparition de sa concrétion.

Un employé de l'un des chemins de fer du midi, âgé de trente-cinq ans, plus valide que le précédent, sans antécédents d'opération, n'accusant qu'une habituelle douleur gravatine à l'hypogastre, rendait habituellement des sédiments grisâtres, accompagnés d'un léger mucus flottant. Je constatai dans le bas-fond de sa vessie, à la partie la plus reculée, des concrétions rugueuses, plus élevées que larges, occupant une surface d'un centimètre et demi environ. Son canal uréthral était très perméable, brusquement recourbé seulement au niveau de la prostate augmentée de volume ; j'introduisis plusieurs fois pendant la durée du traitement une sonde métallique, dont j'eus soin d'exagérer la courbure. Dès le quatorzième jour de sa saison, ce malade rendit d'abondants sédiments phosphatique. A son départ, il ne présentait plus aucune saillie anormale sur aucun point de sa cavité vésicale.

En 1856, un ancien employé retraité de la préfecture de la Seine, se présenta ici avec tous les caractères d'un catarrhe vésical muco-purulent, accompagné d'une dysurie extrême. La sonde d'argent, introduite pour investigation préalable, fut rudement frottée, sensiblement rayée même à son passage dans la région vésico-prostatique, déformée et rétrécie.

Le soir même de cette exploration, le malade recueillit dans son vase de nuit de petites concrétions brunâtres, allongées, du volume et de la forme d'un demi-grain d'avoine, mamelonnées à l'une de leurs extrémités, pointues à l'autre extrémité par laquelle elles adhéraient à la muqueuse vésico-prostatique.

A chaque fois que la sonde fut ainsi introduite, le même résultat eut lieu suivi d'un peu d'hématurie. Le malade buvait l'eau minérale à doses modérées ; je lui avais appris à s'introduire une sonde fléxible, de petit calibre. Le détroit vésico-prostatique finit par s'élargir notablement et fut déblayé complétement des nombreuses concrétions adhérentes que je viens de décrire : je pus alors sentir distinctement un corps étranger, volumineux, situé immédiatement derrière la prostate, dans un cul-de-sac tellement profond, que je ne pus y atteindre avec un lithotriteur ordinaire ; je conseillai à ce malade de se reposer quelques jours : il partit et ne revint pas comme il en avait annoncé l'intention.

Une autre forme de la pierre se présente dans les conditions suivantes :

Le malade, presque toujours âgé et débilité, accuse des urines muco-phosphatiques, de la dysurie et des douleurs recto-vésicales, de date plus ou moins ancienne.

Le cathéter explorateur indique une dépression plus ou moins profonde du bas-fond de la vessie, et dans ce cul-de-sac un amas souvent très volumineux, mais consistant, de matière phosphatique. Si ce malade ne présente pas un état organique par trop anormal des parois vésicales ; s'il a conservé une contractilité suffisante de cet organe ; si la déformation de son canal par la prostate ne crée pas un obstacle infranchissable, il ne peut mieux faire que de se soumettre à l'usage de l'eau minérale. Des injections, au moyen de la sonde à double courant, le soulèvement du cul-de-sac vésical par le doigt porté dans la cavité du rectum, aideraient puissamment au déblaiement de la vessie; je dis aideraient, car je ne possède aucune observation d'un traitement complet par cette méthode.

Mais la pierre est volumineuse, son écorce lisse et surtout rugueuse, résonne sous le choc du cathéter : que la vessie qui loge une telle pierre soit peu malade, et surtout qu'elle soit notablement phlegmatiée, ce qui est le plus ordinaire, l'usage de l'eau de Contrexéville devient un danger : les parois vésicales, amenées par l'action mécanique et dynamique de cette eau à un degré supérieur de phlogose et de nervosité, s'appliqueront par de plus énergiques contractions sur les faces primitivement rugueuses ou successivement érodées de la pierre. Avant qu'elle ait pu subir une suffisante réduction de volume, le malade aura succombé à des accidents inflammatoires ou hémorrhagiques. L'eau de Contrexéville, fruste et agreste, ne se fait pas un titre de la fausse sécurité que d'autres eaux font payer aux calculeux par une augmentation du volume de leur pierre. Mais que cette pierre ait été réduite en fragments par le lithotriteur, et sous sa bienfaisante influence les débris en seront expulsées avec une merveilleuse facilité et la vessie sera promptement réintégrée dans les meilleures conditions organiques et fonctionnelles, en même temps que la santé générale du sujet se réhabilitera à souhait. Telle a été la marche des choses dans cinq opérations de lithotritie que j'ai faites pendant les saisons 1854—1855—1856, et dont l'une avait pour sujet un vieillard de soixante-quatorze ans, opéré une première fois, deux années auparavant, par M. Serres, de Montpellier, et qui a continué à jouir jusqu'à ce jour de l'intégrité parfaite de ses fonctions urinaires. J'ajouterai à ces mérites auxiliaires de l'eau de Contrexéville celui d'être le meilleur préventif du retour de la pierre. Ce que j'ai dit de leur mode d'action suffit à motiver en même temps qu'à limiter cette assertion. J'ajouterai, en outre, qu'un certain nombre de sujets opérés de la pierre par divers chirurgiens fréquentent depuis des années notre source et ne semblent pas du tout se disposer à une récidive.

VII

Affections des reins.

Il ne se passe guère de saison que je n'aie à observer quelque affection des reins d'un diagnostic obscur et de l'une des formes suivantes :

Le malade accuse le plus souvent d'un seul côté, et spécialement du côté gauche, une douleur sourde, habituelle, sujette à des exacerbations, que la pression augmente et qui s'étend aux muscles de toute la région lombaire ; les urines n'offrent rien d'anormal, au plus un insignifiant charriement de sables uriques ; la santé générale n'a, le plus souvent, éprouvé aucune altération spéciale ; la constitution n'indique aucune disposition diathésique, ni urique, ni phosphatique ; le malade n'a jamais rendu de calcul.

Ceux de ces cas dont j'ai pu compléter l'observation se rapportent aux titres variés que je vais dire :

A une phlogose probablement superficielle et membraneuse du rein, ou primitive et de causes variées, se résumant presque toujours en quelque excès de boissons excitantes, en quelque refroidissement subit et dans un cas en une percussion sur le côté, ou paraissant provoquée et entretenue par le contact irritant d'une urine suracide. Je n'ai jamais vu cet état s'exaspérer sous l'influence de nos eaux. Le plus souvent les malades ont éprouvé une notable amélioration, une guérison même, dès leur première saison.

A un état névralgique ou rhumatismal : cette détermination n'a pu être déduite que de circonstances concomitantes, car il n'y avait, dans la symptomatologie rénale elle-même, rien de plus spécial que ce que j'ai dit; j'ai seulement observé que l'origine rhumatismale de cette affection se révélait assez constamment par un dépôt jaunâtre et nuageux des urines, formé de mucus léger, d'urate d'ammoniaque et de phosphates calcaires et magnésiens. L'action de nos eaux est plus incertaine ici, je la seconde par l'usage des douches latérales et des bains sulfureux. Deux jeunes gens, l'un de Paris, l'autre d'Epinal, ont fait sans résultat définitif, l'un, la saison de 1855, l'autre, la saison de 1856.

A des hydatides : j'ai observé ici deux faits de ce genre. Le premier se rapporte à un jeune Espagnol, attaché d'ambassade, qui présentait pour tout symptôme la douleur néphrétique sourde et continue, et qui, dans le courant de la saison, rendit par les urines un corps globuleux, transparent, du volume d'un grain de chenevis, précédé et suivi de nombreux lambeaux membraneux, qui me parurent être des débris de vésicules analogues à celle que je viens de dire.

Le second a trait à un sujet de forte constitution, légèrement débilitée, âgé de quarante-deux ans, entrepreneur à Saint-Quentin, dont l'historique se résume ainsi : Première saison en 1845, douleur obstuse, s'étendant du rein à l'aine gauche ; urines généralement louches et parfois catarrhales ; vers la fin de la saison, expulsion de quelques pellicules membraneuses. Retour en 1846, au dixième jour de la cure, élimination prompte et facile d'une membrane d'aspect gélatineux, épaisse d'un demi-millimètre, traversée par un certain nombre de linéaments vasculaires, indiquant une forme primitivement sphérique et pouvant recouvrir, quand elle est étendue sur un plan horizontal, une surface de dix centimètres de diamètre. A la suite et jusqu'au dernier jour de son traitement, le malade rend un certain nombre de lambeaux membraneux de moindre dimension.

Il se propose de revenir en 1847.

A l'albuminurie : un sujet, âgé de quarante ans, de constitution lymphatico-sanguine, paraissant doué d'une santé irréprochable, vint en 1846 faire usage de nos eaux. A la symptomatologie indiquée ci-dessus, il joignait d'assez fréquentes hématuries, presque toujours accompagnées d'une exacerbation momentanée de sa douleur rénale bien plus prononcée à gauche qu'à droite, et de tendance à des phénomènes lypothymiques. Sauf un certain degré de dynamisation générale et surtout gastrique, ce malade ne remarquait guère aucune amélioration des symptômes spéciaux que je viens de dire : je soumis ses urines à l'analyse ; j'y constatai la présence d'une assez forte proportion d'albumine autre que celle provenant de l'immixtion du sang. Je recommandai à ce sujet un usage très modéré de l'eau minérale. Au terme de sa saison, je fis deux nouvelles analyses de ses urines sans y trouver d'albumine. Plusieurs autres sujets albuminuriques à un degré bien plus avancé m'ont semblé aggraver leur position loin de l'améliorer par l'usage de notre eau. Je citerai entre autres le professeur Richard, de regrettable mémoire, qui se présenta quelques mois avant sa mort à Contrexéville, avec tous les symptômes d'une complication broncho-pulmonnaire grave de son affection albuminurique, et un jeune journaliste de province, qui joignait à son albuminurie un catarrhe vésical intense et un état cachectique des mieux accusés. Je renvoyai ce dernier avant la fin de son traitement, sans aucun progrès, ni en bien, ni en mal : je ne sais quel fut son sort ultérieur.

A ces cas d'albuminurie primitive, j'en joindrai un autre probablement issu des complications d'une affection calculeuse grave de la vessie.

Un ancien négociant de Marseille, opéré de la pierre une première fois en 1855, fut conduit à Contrexéville en 1856 dans l'état suivant : Constitution profondément débilitée, torpeur, apathie, digestions presque totalement abolies, soif continue, urines rares, fréquentes, très odorantes, mêlées de sang, de mucus, de parcelles phosphatiques, douleurs vésico-rectales lancinantes. Derrière la prostate notablement augmentée de volume, une masse pierreuse peu mobile, difficile à circonscrire, occupe le bas-fond déprimé de la vessie. Toutes les fois que j'introduis la sonde évacuatrice, je ramène dans sa cavité ou à sa suite un certain nombre de petits corps phosphatiques fractionnés. Sous l'influence de l'usage très modéré de l'eau minérale en boisson et en injections, l'entrée de la vessie devint plus libre, mais les douleurs vésicales allèrent en augmentant : le malade découragé exigea l'opération. Un lithotriteur ordinaire, introduit sans aucune difficulté, détacha en une courte séance une vingtaine de petits fragments qui furent expulsés assez facilement la nuit suivante. Dans les jours de repos qui durent suivre cette séance, les symptômes généraux et locaux continuèrent leur progression aggravante. Des doutes me vinrent, je soumis l'urine à l'épreuve de l'acide nitrique ; j'obtins un volumineux caillot d'albumine. Il me sembla superflu de poursuivre l'opération que j'avais ébauchée; je conseillai à la famille de conduire ce malheureux malade à Paris et de consulter les sommités médicales en la spécialité. Une nouvelle application du lithotriteur fut résolue par ceux-ci, mais le malade succombait la veille même du jour choisi pour l'opération.

DIABÈTÈS.

Je ne puis encore émettre aucune opinion précise sur le rôle de notre médication dans cette affection, les faits me manquent.

Un ancien officier, âgé de soixante ans, de constitution pléthorique, très anciennement amputé d'un bras et qui rendait, avec des urines sucrées, de copieux sédiments d'acide urique, éprouva, pendant deux saisons consécutives, une notable amélioration de cet état complexe. Il cessa de venir à Contrexéville après l'année 1854. Je viens d'apprendre sa mort récente : j'en ignore la cause.

HÉMATURIE RÉNALE.

Tous les cas que j'ai observés ici étaient symptomatiques de l'affection calculeuse, parfois même d'une simple émission de sables uriques surtout, ou ils se reliaient à un état organique généralement grave. Une fille de trente-cinq ans, débile et chétive, se plaignant surtout de douleurs hypogastriques et bien moins des reins, habituellement mal réglée, rendait avec ses urines de nombreux caillots fibrineux, décolorés, très allongés et plus ou moins régulièrement cylindriques ; une exploration de la vessie au moyen de la sonde ne me fit rien découvrir d'anormal, il n'y avait pas d'albumine dans l'urine : je soupçonnai une affection organique des reins. Je ne laissai pas achever sa saison à cette malade qui ne pouvait espérer aucuns bons résultats.

VIII

Affections vésicales.

Les lésions fonctionnelles du réservoir actif de l'urine peuvent être rapportées à trois formes distinctes : de petites quantités du liquide descendu des reins suffisent à provoquer des besoins irrésistibles de mixtion ou plus expressivement de mixturition. Cette exagération de la sensibilité et de la contractilité de la vessie est généralement connexe d'un certain degré de phlogose primitif ou consécutif, mais elle peut aussi être essentielle et constituer à elle seule toute la maladie. Sous cette forme, je l'observe souvent ici chez d'anciens officiers de cavalerie, chez d'anciens magistrats, chez d'anciens employés de diverses administrations.

Ces sujets ont généralement dépassé la moyenne de la vie ; ils sont de constitution énergique, sanguins et nerveux : leurs urines, presque toujours très abondantes et limpides, se concentrent au moindre écart de régime ou d'hygiène et charrient alors quelques sédiments rouges.

Tous confessent que dans l'exercice de leurs diverses fonctions vésicales, il ont uriné quand ils en ont eu le temps et non quand ils en ont eu le besoin. Chez ces sujets, la cure Contrexévillaine n'est favorable qu'à condition d'être suivie avec modération et de s'aider de bains tièdes ou frais. L'injection de quelques onces d'eau fraîche dans le rectum, les ablutions périnéales froides secondent très avantageusement le traitement.

Ou bien, le sujet peu sensible, insensible même aux sollicitations du liquide urinaire accumulé dans sa vessie, n'est averti du besoin de la vider que par un sentiment de distension hypogastrique. Cette affection peut n'être que la conséquence de diverses lésions organiques de l'appareil excréteur, primitivement accompagnées de l'exagération de la nervosité vésicale et désormais associées aux phénomènes contraires; mais fréquemment aussi elle ne peut se justifier que par elle-même. En faisant abstraction des cas où elle se relie à quelques graves désordres des centres nerveux, elle s'observe chez les mêmes sujets que ci-dessus, mais plus avancés en âge, ou moins résistants, ou plus hyposthénisés par de vicieuses habitudes hygiéniques. J'ai observé des améliorations de cet état, je n'en connais pas de guérison complète. Ces malades doivent spécialement se défier d'une distension exagérée de la vessie par notre eau et faire un fréquent usage de la sonde évacuante. Je les soumets aux formes les plus excitantes de la douche, spécialement à la douche périnéale froide et aux injections froides aussi au moyen de la sonde à double courant.

Ou bien enfin, l'urine coule passivement et par refoulement. Cet état n'est qu'une nuance généralement plus avancée de l'état précédent et n'offre rien de plus spécial. J'ajouterai seulement que cette incontinence peut n'être que nocturne et de bien moindre gravité : je l'ai vu disparaître complétement dans le cours de la saison.

Le catarrhe vésical essentiel, celui qui ne se compose que d'un état plus ou moins ancien de phlegmasie chronique de la muqueuse vésicale, s'améliore et se guérit à Contrexéville avec une constance en quelque sorte spécifique, à condition d'une suffisante insistance du traitement. La vieillesse, la débilitation constitutionnelle, résultant d'une longue durée de la maladie, la nature muco-purulente des urines, leur odeur repoussante, leur immixtion à d'abondants sédiments phosphatiques, l'état villeux et variqueux de la muqueuse vésicale, son épaississement étendu aux couches celluleuses sous-jacentes, les diverses déformations de ce réservoir, les engorgements de la prostate ont pu retarder les bons effets de la cure dans les cas que j'ai observés, mais n'ont pas été des obstacles invincibles. Nos sources furent visitées l'an dernier pour la septième fois par M. le baron de L........, âgé de soixante-douze ans, qui n'avait plus à faire qu'une saison de précaution, quand six années auparavant, il était venu avec un catarrhe vésical compliqué de la majeure partie des aggravations que je viens d'énumérer. Chose remarquable, plusieurs des sujets qui m'ont fourni ces observations étaient, en outre, atteints de catarrhes bronchiques, et le plus souvent cette affection concommittente a été notablement améliorée dans le cours de la saison. Mais quelques cas moins heureux m'ont appris à éloigner de nos sources ou à entourer d'une surveillance toute spéciale ceux de ces malades, généralement cachectiques d'ailleurs, qui rendent avec leurs urines habituellement du sang décomposé et accidentellement du sang rutilant : ici le catarrhe n'est plus que l'expression d'un état organique grave.

Dans l'un de ces cas, le bas-fond de la vessie était occupé par des végétations fougueuses ramollies et en quelque sorte diffluentes ; dans un autre cas, les parois vésicales, dures et friables en même temps, raccornies et irrégulières, réduisaient la cavité vésicale à moins d'un tiers de sa capacité. Dans un troisième cas, où cependant les urines étaient simplement muco-purulentes et remarquablement odorantes, d'anciennes indurations cellulaires, étendues de la partie inférieure de la région membraneuse du canal de l'urèthre à la portion périnéale de la vessie et jusqu'au voisinage du rectum, se fondirent en un vaste abcès urineux, qu'une large incision précoce n'empêcha pas de devenir mortel.

En résumé donc, l'action de l'eau de Contrexéville est souveraine dans les catarrhes vésicaux essentiels, même les plus complexes ; mais elle peut être dangereuse dans les complications de cette affection par des lésions organiques des parois vésicales et des tissus avoisinants. J'ajouterai que le catarrhe qui se rattache à l'existence d'une pierre est très promptement modifié sous l'influence de notre eau à la suite de l'opération. J'ai surtout eu lieu de m'en assurer chez un jeune homme de vingt-cinq ans, que j'avais débarrassé par la lithotritie d'un très volumineux calcul phosphatique, et chez lequel les phénomènes catarrhaux avaient pris une telle intensité, que depuis six ans il était traité pour cette dernière affection, dont on ne soupçonnait pas même la complication essentielle.

L'hématurie, d'origine vésicale, n'a pas toujours la gravité que je viens de lui assigner. Sans parler de celle qui se relie à l'existence d'un calcul ou simplement même à un phénomène d'exhalation déterminé par le contact habituel d'une urine hyper-urique, comme j'en ai vu des exemples, elle se présente fréquemment ici sous la forme anodine que je vais dire :

Le sujet est généralement à l'époque moyenne de la vie ;

sa constitution, nativement pléthorique veineuse, conserve son énergie plus ou moins accidentellement atténuée par l'affection plus ou moins intense dont il est atteint et surtout dont il s'inquiète outre mesure. Ses urines, habituellement accompagnées de quelques nuages muqueux et phosphatiques ou de sédiments rouges, se teignent à des époques plus ou moins rapprochées d'un sang plus ou moins abondant, tantôt rutilant, tantôt noirâtre, et alors mêlé de caillots colorés, auxquels le canal urèthral imprime souvent sa forme, qui même parfois le remplissent et y stationnent jusqu'à ce qu'un vigoureux effort de mixtion ou des manœuvres manuelles du sujet les en retirent. Ce sujet interrogé accuse toujours des habitudes hémorrhoïdaires persistantes ou interrompues depuis plus ou moins de temps; le doigt constate un état variqueux de la partie inférieure de son gros intestin; le cathéter donne des résultats purement négatifs. Evidemment, il s'agit ici de phénomènes hémorrhoïdaires étendus à la portion vésicale du plexus veineux de ce nom. De là pourront naître à l'avenir de plus graves désordres fonctionnels et organiques, mais à leur origine et sans doute longtemps encore ils ne sont que ce que je viens de dire. Notre traitement interne appliqué à ce cas exagère d'abord les phénomènes hématuriques, puis les modifie heureusement; je le complète par des douches périnéales froides, combinées avec des douches rectales ascendantes, tièdes ou même chaudes.

Je n'ai eu ici qu'une seule occasion d'observer la névralgie vésicale essentielle. Elle semblait se rattacher aux phénomènes de l'âge critique chez une dame de quarante-cinq ans, épouse de l'un de nos confrères. Les urines n'offraient rien de particulier, l'exploration de la cavité vésicale et de l'utérus lui-même ne donnait que des résultats négatifs.

Des douleurs atroces se faisaient sentir au col vésical, soit spontanément, soit surtout aux moment de la mixtion. Deux saisons faites avec un intervalle d'un mois produisirent une amélioration remarquable, qui, sans doute, fut restée décisive, si cette malade ne fût morte quelques mois après son retour dans sa famille, d'une maladie dont j'ignore la nature.

IX

Affections prostatiques.

J'ai vu à Contrexéville quelques cas épars de calculs, d'abcès et de tubercules prostatiques. Ce dernier, seul digne de quelque attention spéciale, se termina par un abcès périnéal très limité, dont le trajet restait encore fistuleux au départ du malade, homme de quarante ans, de constitution lymphatique, qui faisait remonter l'origine de son affection aux rudes épreuves d'un pénible service à cheval pendant la guerre de Hongrie.

L'engorgement, le plus fréquent des états morbides de cette glande, se relie à trois ordres de phénomènes bien distincts.

Ainsi, il semble dans beaucoup de cas n'avoir d'autres raisons d'être que les nombreuses modifications organiques et fonctionnelles que la vieillesse inflige à tous les organes et spécialement aux organes génito-urinaires, de tous les plus compromis par les abus de la vie sociale. Les divers désordres des fonctions urinaires qui l'accompagnent sont de même origine, plus souvent qu'ils ne lui sont subordonnés. Que pourrait dans ces cas l'eau de Contrexéville, autre chose que restituer un certain degré de dynamisme général et spécial, en même temps qu'opérer une sorte de lavage hygiénique de la cavité vésicale?

Dans une deuxième série se rangent les engorgements prostatiques d'origine bien plus nettement morbide, qui n'ont d'autres rapports avec les conditions d'âge que ceux spéciaux aux maladies des voies urinaires, bien plus fréquentes après qu'avant l'âge moyen de la vie, et qui jouent un rôle bien plus important dans la symptomatologie dont ils font partie. Le plus souvent ils s'accompagnent des désordres fonctionnels et sécrétoires du catarrhe de la vessie; celle-ci est plus ou moins déformée, dilatée le plus souvent, quelquefois, au contraire, rétrécie : ses parois, au lieu d'offrir une surface courbe régulière, sont plus ou moins irrégulièrement accidentées par des colonnes saillantes, dures, épaisses et résistantes; son bas-fond, successivement plus déprimé, forme en arrière de la saillie anormale de la prostate un cul-de-sac dont l'évacuation reste presque toujours incomplète lors des efforts de mixtion et qui sert de réceptacle à une urine muqueuse, muco-purulente, ammoniacale et phosphatique.

Cet engorgement peut sans doute ne porter que sur le lobe-médian de la prostate, ne consister même qu'en une hypertrophie de la luette vésicale; mais dans la pluralité des cas que j'ai observés, le doigt introduit au dessus de l'anus faisait reconnaître, ou bien une masse dure, uniforme et saillante surtout vers le rectum, ou bien une masse bilobée, dont les deux lobes latéraux étaient séparés par une dépression médiane. Le cathéter, introduit d'autre part dans la vessie, franchissait sans peine, soit d'avant en arrière, soit d'arrière en avant, le détroit vésico-prostatique; seulement la sonde devait être employée avec une courbure plus étendue : le mouvement de bascule sous le pubis devait être plus brusque, et le bec de la sonde atteignait difficilement ou n'atteignait pas le plancher vésical post-prostatique.

Presque dans tous ces cas, il m'a paru évident que les divers désordres de la mixtion étaient bien plus du fait de la vessie elle-même que de la prostate engorgée. Ici la cure Contrexévillaine rend d'éminents services faciles à comprendre par tout ce que j'en ai dit antérieurement ; mais il paraît difficile que son influence puisse s'étendre jusqu'à une réhabilitation organique complète de la prostate, de cette glande douée d'une vie intime si obscure et si lente. Je retire de très bons résultats de la douche latérale froide, projetée avec énergie contre le périnée. Grâce à l'inertie que je viens de dire, j'ai toujours vu cette percussion médiate de la prostate être facilement tolérée ; jamais je ne l'ai vue inciter au-delà du nécessaire.

Il est enfin des engorgements prostatiques généralement moins durs et moins volumineux que les précédents, qui s'allient à de bien moindres désordres vésicaux, qui offrent une symptomatologie plus voisine de l'état phlegmasique aigu et qui affectent plutôt l'âge mûr, ou même l'adolescence, que l'âge avancé. Quelques cas épars de cet ordre se rapportent à des circonstances de constitution plétorique, d'urines sédimenteuses, du séjour dans la vessie de petits calculs tombés des reins, d'habitudes hémorrhoïdaires, de régime échauffant, d'occupations sédentaires ou de fréquente équitation ; mais le groupe presque tout entier a pour antécédents quelque incident gonorrhéique de dix, quinze ou douze ans de date. De simples gonorrhées figurent plus souvent dans cette étiologie que des blénorrhagies intenses ; le plus souvent cette affection originaire a été négligée ; assez souvent elle a été combattue par des injections, mais presque toujours à propos de fréquentes rechutes ou de longue persistance de l'écoulement. Avec l'engorgement prostatique coïncident l'un ou plusieurs des phénomènes suivants : humidité du canal permanente ou ne se faisant remarquer qu'à l'occasion de quelques écarts, sensibilité limitée en un point du canal très rapproché ordinairement de la région prostatique; l'éjaculation spermatique, la mixtion, la pression des doigts, le contact de la sonde, provoquent sur ce point des sensations plus ou moins douloureuses; de véritables rétrécissements uréthaux peuvent coexister, mais le plus souvent il n'y a qu'un certain degré de nervosité spasmodique du canal. Dans cette nouvelle série, l'eau de Contrexéville employée intus et extus donne des résultats bien plus complets, bien plus souvent curatifs, que dans les deux séries précédentes. C'est presque toujours par une éphémère aggravation des symptômes prostatiques et uréthraux que procède la cure, il y a alors indication de ménager les doses de l'eau prise en boisson et de se borner dans son usage externe aux moyens ou aux modes anodins; bientôt toute manifestation disparaît et le traitement peut être prescrit dans toute sa puissante énergie.

X

Rétrécissement uréthraux.

Dans l'étude physiologique de la médication Contrexévillaine, j'ai dit que, spasmodiquement contracté d'abord par l'action de nos eaux, le canal de l'urèthre ne tarde pas à acquérir une ampleur inusitée. J'ai ajouté que cet heureux résultat se compose de modifications vitales en même temps que de phénomènes mécaniques.

Que le canal, au lieu d'offrir sa conformation normale, soit coarcté en quelque point, et ces choses se passeront de la même manière, plus énergiquement encore, à moins que la lésion de tissu du canal ait acquis la dureté et les autres fâcheux caractères du squirrhe. Je ne sais si, pour le plus grand nombre des rétrécissements de l'urèthre, le traitement purement hydriatrique convenablement prolongé suffirait à amener ces résultats complets et décisifs ; mais je puis affirmer que sous son influence et avec son aide, la dilatation par des bougies graduées donne les résultats les plus heureux en même temps que les plus prompts. Sur le terrain de nos sources, cette méthode ne le cède à aucune autre en efficacité et même en célérité; elle est supérieure à toutes en innocuïté; et sans prétendre qu'il n'existe pas un degré d'altération organique des parois uréthrales rebelle à la puissance de ce traitement combiné, je puis affirmer que je n'en ai pas encore rencontré un fait entre mille.

Le docteur V......., âgé de quarante-cinq ans, petit, nerveux et sanguin, a payé un large tribu aux excès de sa vie d'étudiant. Depuis cette époque, il a passé par les cruelles et longues épreuves de l'exercice de la médecine à cheval dans un pays de montagnes, avec un canal rétréci et une vessie très irritable, le tout compliqué de l'expulsion périodique de calculs uriques. En 1851, à bout de souffrances, d'accidents inflammatoires vers la vessie et vers les reins, n'urinant plus d'ailleurs que très incomplétement par un jet filiforme, il vint à Paris réclamer les soins de l'un de nos spécialistes le mieux et le plus justement famés. Une première introduction de la sonde exploratrice fut suivie de symptômes de cystite aiguë d'une telle gravité que le malheureux malade, après six semaines de séjour au lit, rentra dans son pays bien décidé à subir le suicide passif de son affection.

Des souffrances de plus en plus vives le firent sortir de son fatalisme en 1856, et il se rendit à Contrexéville. Les débuts de la cure furent assez péniblement incidentés par une dysurie extrême et fort douloureuse; le malade crut sentir la progression uréthrale de quelques calculs; je parvins à obtenir de lui une nouvelle introduction d'une bougie flexible de très petit calibre. A l'aspect seul de cet instrument, il fut pris d'un tremblement nerveux très intense, avec pâleur et sueurs froides; la lypothymie fut complète. Je ne dus pas passer outre.

Le lendemain, je fus plus heureux; je franchis sans trop

de difficulté deux coarctations situées, l'une au commencement de la portion bulbeuse du canal, la seconde à l'entrée de la portion membraneuse; mais je fus invinciblement arrêté à quelques millimètres plus avant par une induration des parties inférieures et latérales du canal, ouvert seulement à sa partie supérieure par un pertuis filiforme.

Les deux jours suivants se passèrent sans aucuns des accidents que redoutait le malade, qui continua à faire usage de l'eau minérale en boisson et en bains.

A une deuxième tentative, je parvins dans la vessie; il me fallut un certain effort pour ramener l'extrémité de ma bougie engagée dans la filière que je viens de dire et qui occupait toute la partie postérieure de la région membraneuse et le commencement de la région prostatique. Pendant un mois, ce malade fut soumis à l'usage de l'eau en même temps qu'à l'introduction de bougies successivement plus volumineuses. Il exprima autant de surprise que de satisfaction de l'innocuïté, non moins que des prompts résultats de son traitement, et partit réconcilié avec la vie, après avoir récupéré la complète liberté de son canal. Je lui ai recommandé de renouveler au moins une fois par mois l'introduction du dernier numéro de bougie dont nous avions fait usage.

XI

Maladies des organes génitaux.

Ce n'est qu'accidentellement et presque toujours pour d'autres motifs qu'elles-mêmes, que ces maladies sont soumises à l'usage de l'eau de Contrexéville ; je me bornerai à dire ce que j'en ai vu.

Quelques sujets affectés de spermatorrhée, soumis aux douches ascendantes froides périnéales et rectales en même temps qu'à l'usage interne de l'eau minérale, ont obtenu des résultats spéciaux en même temps qu'une réhabilitation constitutionnelle dignes d'attention. Je suis fondé à conclure de ces quelques faits isolés que la cure Contrexévillaine ne pourrait être que très heureusement appliquée à ce genre d'affection.

Sous l'influence des phénomènes initiaux d'excitation vasculaire et nerveuse de notre traitement, en même temps que de surexcitation spéciale des organes génito-urinaires, j'ai vu des varicocèles se dilater, d'anciens engorgements testiculaires passer à l'état subaigu, des orchites même se déclarer de toutes pièces ; mais à ces divers points de vue, le résultat final de la cure est toujours une amélioration, pourvu que les tissus ne soient pas le siége de quelque désorganisation profonde ou de quelque production anormale. Dans un cas, que j'ai observé à deux reprises, en 1854 et en 1856, des tubercules furent rapidement éliminés par plusieurs fistules siégeant sur les bourses d'un sujet de quarante-cinq ans, lymphatique, à cheveux bruns; plusieurs de ces fistules, d'ancienne origine, furent cicatrisées. Un autre sujet, qui est venu en 1856 faire usage de nos eaux pour une légère affection calculeuse, raconte qu'en 1850, il a fait une première saison pour le même motif et qu'il est rentré parfaitement guéri d'une hydrocèle, dont l'opération avait été remise à l'époque de son retour.

J'ai signalé l'heureuse influence de nos eaux sur les catarrhes vagino-utérins, sur les engorgements et sur les déplacements de la matrice, en même temps que sur l'ensemble des phénomènes morbides généraux qui compliquent ces diverses affections; j'ai noté la puissance d'action martiale de notre source, bien peu ferrugineuse chimiquement; j'ajouterai seulement quelques faits et quelques remarques à ces notions générales.

Une jeune fille de dix-huit ans, lymphatique, traitée précédemment pour une tumeur de l'ovaire droit, accompagné de plusieurs engorgements lymphatiques superficiels et profonds de la région iliaque du même côté, et qui n'était que très incomplètement et très irrégulièrement menstruée, se débarrassa en une seule saison, faite en 1856, de ces engorgements et acquit une régularité des fonctions cataméniales qui ne s'est pas démentie depuis.

Une dame, âgée de quarante ans, maigre et nerveuse, fille d'une mère hydropique et calculeuse, offrant elle-même cette complication et en surplus une antéversion utérine très accusée, avec flux muqueux utéro-vaginal habituel et abondant, revint l'été dernier à peu près complétement guérie de cette multiple affection par une saison de nos eaux faite l'année précédente comme traitement auxiliaire; j'avais soumis cette malade pendant sa cure à l'usage d'un sachet de tan placé en arrière du col utérin.

Après ces faits très concluants, choisis parmi un certain nombre d'autres de même espèce, je crois devoir consigner une remarque que j'ai eu souvent ici l'occasion de faire.

Bien souvent, bien plus souvent qu'on ne le croit généralement, les douleurs dites maux de reins des femmes, atteintes ou soupçonnées d'affections utérines se rapportent à une irradiation néphrétique ou même vésicale vers les plexus lombo-sacrés. Les phénomènes dysménorrhéiques, qui résultent pour les femmes pléthoriques des divers désordres utérins, s'accompagnent fréquemment des phases diverses de la diathèse urique, depuis le simple charriement de sables rouges jusqu'à l'expulsion plus ou moins fréquente de calculs rénaux plus ou moins volumineux, et réciproquement les affections vésicales de cette origine simulent ou incitent souvent divers symptômes utérins.

Plusieurs femmes, jeunes et sanguines en général, envoyées ici pour cause de gravelle rouge, présentaient en outre un certain degré de déviation et d'engorgement utérins. Le traitement a été dirigé simultanément contre ces deux éléments morbides, et, je dois le dire, la guérison m'a paru dépendre bien plus de la réhabilitation fonctionnelle de l'utérus que de l'influence directe exercée sur les reins. Un certain nombre de ces femmes, stériles jusque là, ont cessé de l'être en même temps qu'elles cessaient de rendre des calculs.

Par contre, quelques autres offraient, pour phénomènes

morbides prédominants, des désordres plus ou moins complexes des sécrétions et de la contractilité de la vessie, en même temps qu'un certain degré d'état morbide utérin, et la symptomatologie pelvienne, et les désordres généraux de la nutrition et de l'innervation ont suivi le sort de l'affection vésicale.

J'ai extrait par une incision de la paroi inférieure du canal uréthral un calcul urique, du volume d'un haricot, chez une dame que Lisfranc traitait depuis six ans d'un engorgement très modéré du col-utérin et la guérison a été prompte et durable.

XII

Maladies de l'appareil digestif.

Ce n'est guère à Contrexéville que sont envoyés les sujets dont la maladie se compose essentiellement de divers désordres fonctionnels ou organiques de l'estomac ; cependant, je l'ai dit et je le répète, notre efficacité se compose surtout et d'abord de la réhabilitation des fonctions gastriques. Les goutteux et les calculeux sont tous plus ou moins dyspepsiques ; or, c'est de leur retour à une gastricité normale que datent le plus souvent pour eux les bénéfices spéciaux de la cure Contrexévillaine.

L'action topique de notre eau est des plus anodines ; sa digestibilité est pour ainsi dire illimitée, à la seule condition d'en proportionner les doses à la susceptibilité de l'organe ; il n'est pour ainsi dire pas d'estomac qui ne puisse la tolérer, et qui, la tolérant, n'en soit heureusement influencé ; enfin nos propriétés laxatives, essentiellement composées de phénomènes de dynamisation sécrétoire et contractile de l'appareil digestif, constituent l'une des indications fondamentales de ces affections, presque toujours accompagnées des désordres variés de ces deux fonctions : aussi puis-je affirmer que nous guérissons annuellement une foule de gastralgies sous prétexte de goutte ou de gravelle.

Je puis ajouter que, me livrant toute l'année à Contrexéville à l'exercice de la médecine, j'ai été conduit par une expérience successive à adopter les traditions de confiance absolue de toute la contrée en l'eau de la source dans tous les cas de désordres gastriques essentiels ou consécutifs, et que dans une foule d'états pyrétiques, que dans les états organiques eux-mêmes de l'appareil digestif, l'eau de Contrexéville est la boisson que je prescris le plus avantageusement et que tolèrent le mieux mes malades.

Quand la maladie à traiter a pour symptomatologie prédominante les phénomènes variés de l'adynamie gastrique, presque toujours associés à ceux de l'adynamie organique générale, l'eau minérale est prescrite à doses modérées et répétées, sous la forme hypersthénisante en un mot.

Quand l'état gastrique se complique de sensation douloureuses et d'intolérance active des substances ingérées, l'usage de l'eau est soumis à une réserve plus sévère encore en même temps que des bains sont ordonnés, et il est à remarquer que, enhardi par des tâtonnements successifs, je suis souvent arrivé à prescrire ou plutôt à permettre des doses fort élevées aux malades qui étaient arrivés ici avec une intolérance gastrique presque absolue. Les hypercrisies stomacales muqueuses, acides, comportent le traitement sous sa forme la plus énergique ; l'effet produit n'est pas immédiat comme par les eaux essentiellement alcalines ; il ne se compose pas d'une réaction chimique ; il procède d'une réhabilitation fonctionnelle et organique générale aussi bien que locale, qui suit une évolution généralement régulière et rapide, depuis les phénomènes initiaux de surexcitation dynamique, souvent même d'exagération du gastricisme jusqu'à la réintégration d'une régularité et d'une énergie fonctionnelles prémices et garanties d'une guérison qui se parfera spontanément à la suite du traitement. L'état saburral des premières voies, phénomène le plus souvent éphémère et accidentel, suffisamment réprimé par la prescription d'un purgatif ou de quelques amers, prend, dans un certain nombre de cas, toute la tenacité et la persistance d'une véritable affection chronique, soit, ce qui est très fréquent, que cet état complique les affections catarrhales des reins et de la vessie, soit qu'il constitue à lui seul toute la maladie : ici, il y a lieu de rechércher l'effet purgatif de nos eaux, qui, je l'ai dit, date généralement des doses de sept ou huit verres ; et il n'y a pas à craindre que l'insistance sur cette médication évacuante débilite le malade quelque intensité qu'il acquière et quelque temps qu'elle dure. S'il m'était démontré que les indurations gastriques que j'ai constatées par la palpation, que les souffrances ou les désordres fonctionnels qu'accuse le malade, que les stigmates cachectiques de sa constitution ont leur origine dans un état dyscrasique grave des tissus gastriques, je me garderais de prescrire notre eau à doses aggressives et avec la prétention d'inciter une dangereuse suractivité interstitielle ; mais je serais heureux encore de trouver en elle une boisson tolérée par le malade arrivé à l'intolérance gastrique la plus déplorable, une boisson qui le réjouit encore par sa bienfaisante impression et ralentit la rapide dépression de ses forces. Une famille Contrexévillaine m'a à elle seule offert plusieurs cas de cancer gastrique ; l'un de ses membres, mère de famille, âgée de quarante-cinq ans, lutte encore à l'heure où j'écris ces lignes avec les phénomènes ultièmes de cette terrible maladie : tous, guidant mon choix par les inspirations de leur instinct, ont fait de l'eau de Contrexéville leur unique médication et leur long espoir, et je dois dire que tous, y compris la malade qui survit encore, ont prolongé la lutte bien au-delà du terme généralement extrême de cette maladie.

Il en est des affections hépatiques comme des affections gastriques ; elles ne se présentent guère aux eaux de Contrexéville que sous le couvert des maladies auxquelles l'opinion médicale a raison d'étendre notre puissance, mais auxquelles elle a tort de la limiter : nous sommes, il est vrai, distancés de beaucoup par les eaux alcalines transrhénanes, auxquelles, selon certains auteurs modernes, il suffit de présenter des foies monstrueux rapportés des Indes, pour que ces organes se hâtent de se réfugier sous le diaphragme ; entre cette spécificité germanique et nos bien moindres vertus, il y a même l'énergie supérieure des eaux de Vichy, qui ne perdra rien à préférer la discussion à de telles affirmations ; mais en admettant que les faits incidentels que j'ai observés et que je vais dire, marquent les limites de notre action sur les affections hépatiques, il ne nous en restera pas moins des titres très sérieux à une plus large part dans la thérapeutique de ces affections.

J'ai déjà signalé la fréquente association de l'affection calculeuse du foie et des divers états hypertrophiques de cet organe avec la gravelle et la goutte, les deux expressions morbides les plus accentuées de la diathèse hyper-urique : je me bornerai à insister sur cette fréquence, dont il ne serait peut-être pas impossible de légitimer la génération, et j'ajouterai seulement, comme fait d'observation constante, que, sous mes yeux, plusieurs de nos goutteux et de nos calculeux ont compté les progrès de leur cure par la suractivation de leurs fonctions hépatiques normales ou par la réhabilitation de leur état hépatique morbide. La justification de cette assertion se trouve dans les détails suivants :

A dater du quatrième ou du cinquième jour d'une cure normale, le liquide biliaire sécrété avec une activité inusitée surabonde dans les selles copieuses, odorantes et colorées du sujet ; des concrétions biliaires sont souvent entraînées dans ce courant, alors même que rien n'en avait jusqu'alors fait soupçonner l'existence ; les aptitudes digestives de ce sujet s'accroissent parallèlement d'une manière remarquable ; les teintes ictériques de ses téguments s'effacent rapidement ; son système veineux abdominal, énergiquement influencé, soumis d'abord à un état congestif vers ses ramifications inférieures, accuse bientôt une heureuse régularisation de ses mouvements ; ses habitudes hypochondriaques font place à l'expansive expression du bien-être physique et moral. Si la palpation et la percussion avaient révélé avant la cure un certain degré d'hypertrophie de l'organe, un volume et une résistance inusités de la vésicule biliaire, des explorations successives permettent de constater des modifications souvent très rapides de volume et de consistance.

Qu'arriverait-il de cette suractivation organique et fonctionnelle du foie, si cet organe était le siége de l'une de ces déviations organiques qui lui sont spéciales ou qui lui sontcommunes avec tous les tissus vivants ? L'observation de ces faits me manque, le diagnostic en est d'ailleurs obscur et incertain : je ne puis que m'aider de l'induction pour prévoir que de cette énergique galvanisation hépatique surgirait, pour le parenchyme doué encore de sa normalité d'organisme, un travail plus ou moins complet de réhabilitation crâsique, et pour le parenchyme entaché d'hétéromorphisme, une compromettante suractivité éliminatrice.

Je me bornerai au rapide récit de quelques faits à l'appui.

M. P....., de Paris, petit, pléthorique, joyeux convive, vint en 1853 à Contrexéville pour le triple motif d'une goutte aiguë, d'une affection calculeuse et d'une habituelle douleur de l'hypochondre droit, s'irradiant vers l'épaule du même côté. Le lobe médian du foie et la vésicule biliaire donnaient la sensation confuse d'un certain degré d'engorgement et de tension; quelques crises douloureuses avaient d'ailleurs eu lieu antérieurement, attribuées au rein droit par un médecin et au foie par deux autres. Pendant sa saison, ce malade fut pris d'une légère attaque goutteuse de l'un des pieds, qui lui fit garder pendant trois jours le fauteuil; il rendit sans douleurs quelques petits calculs d'acide urique et se plaignit de la persistance, de l'aggravation même de sa douleur hypochondriaque. De retour en 1856, M. P..... motive la lacune de son traitement par l'immunité goutteuse calculeuse et hépatique dont il a joui depuis sa première saison malgré son incurie diététique.

M. M....., de Neufchâteau, habitué de Vichy pendant trois années consécutives, est venu à Contrexéville en 1855. Il est soumis tous les hivers à des attaques de goutte aiguë, qui ont totablement diminué de durée et d'intensité depuis l'usage des eaux alcalines, mais qui ont fait place à l'état suivant : Dyspnée habituelle, lenteur et faiblesse des mouvements des membres, apathie, habitudes congestives vers la tête. Le foie descend à quelques millimètres de l'ombilic et remplit toute la région hypochondriaque droite et une partie de celle de gauche; l'abdomen très proéminant et globuleux accuse un faible degré d'épanchement séreux; le malade, sujet à des difficultés de digestions, n'en commet pas moins d'assez fréquents abus de régime. A la fin de sa première saison, ce malade respire bien plus librement et a reconquis une notable énergie musculaire ; l'épanchement séreux a disparu ; le foie ne dépasse plus les fausses côtes que de quelques millimètres.

Retour en 1856 : le malade n'a eu à se plaindre dans l'intervalle des deux saisons que d'une courte attaque de goutte aiguë des extrémités inférieures. Les symptômes abdominaux ont complétement disparu ; la dyspnée, qui ne peut plus être attribuée qu'à une bronchite chronique peu intense, disparaît à son tour dans le cours de la saison.

Madame Q......, mère de famille, âgée de quarante-cinq ans, fait remonter à la disparition de ses règles depuis trois ans le début de la maladie qui l'amène à Contrexéville. Ses téguments conservent des traces d'une ictère générale, à laquelle elle a été soumise quelques mois auparavant ; sa respiration est dyspnéïque ; la marche lui est à peu près impossible ; son foie dur et résistant descend de six à sept centimètres au dessous de la base de la poitrine ; une quantité notable de liquide distend sa cavité péritonéale.

L'eau minérale est parfaitement tolérée ; mais les phénomènes de diurèse et d'hypercrisie intestinale ne s'établissent que très lentement et très imparfaitement, la peau reste sèche.

Au quinzième jour de la saison, l'épanchement péritonéal avait plutôt augmenté que diminué : je pratiquai la paracentèse, et retirai huit litres de sérosité citrine.

A dater de ce jour, l'eau produisit ses effets ordinaires : le foie reprit successivement ses dimensions normales et la malade récupéra la liberté de sa respiration et de ses mouvements.

Ceci se passait en 1855.

La guérison se compléta rapidement à la suite de la cure et ne s'est pas démentie depuis.

XIII

Affections cérébro-spinales.

Les eaux minérales de Contrexéville ne prétendent à aucune spécificité dans cet ordre de maladies, pour lequel elles jouissent cependant d'une réputation bien méritée auprès d'un certain nombre de médecins des plus recommandables ; elles offrent pour ressources, indirectes sans doute, mais non moins efficaces en certains cas, leur puissante dérivation intestinale, leur dynamisation veineuse pelvienne, leur hyper-sthénisation nerveuse, leur suractivation organique, et surtout et avant tout, dans des circonstances déterminées, leurs propriétés anti-métastatiques. Notre fréquentation par les goutteux et les calculeux nous met fréquemment aux prises, on le conçoit, avec les nuances les plus tranchées du pléthorisme encéphalique ; or, jamais je n'ai eu à interrompre ou à suppléer la cure pour aucun incident de congestion cérébrale ; généralement, au contraire, nos hôtes accusent, entre autres résultats de leur traitement, un allégement encéphalique, une aptitude cérébro-spinale inusités. Les douches rectales congestives viennent en aide à la médication interne dans les plus accusés de ces cas d'habitudes congestives encéphaliques.

A propos de la goutte irrégulière et atonique, j'ai cité un fait très remarquable de guérison d'accidents cérébraux graves par la réintégration des habitudes normales d'une goutte aiguë. Ce fait est le type d'une série spéciale aux goutteux arrivés à l'époque atonique et irrégulière de leur affection, soit par l'évolution successive de l'affection elle-même, soit par l'abus des médications et même du régime hyposthénisants; d'une série qui comprend en outre la phénoménalité goutteuse, vague, ataxique et inefficace d'une foule de sujets de tout âge et de toutes constitutions. Les affections cérébro-spinales d'origine rhumatismale m'ont aussi fourni un certain nombre d'observations analogues; je dois seulement faire remarquer qu'ici les progrès de la cure ont pris bien moins évidemment ou pas du tout la forme anti-métastatique.

Un jeune ecclésiastique, qui donnait pour antécédents à sa maladie un ancien rhumatisme, de fréquentes pertes séminales et des travaux intellectuels assidus, fut conduit à Contrexéville en 1854. Il parvenait encore à faire, avec de grands efforts, quelques pas incertains et chancelants; il accusait un engourdissement et un froid habituel des extrémités inférieures; celles-ci ne répondaient que par des sensations obscures aux excitations de leur sensibilité; la parole était lente, incertaine; la mémoire hésitante et l'intelligence défaillante. Le malade avait éprouvé de violentes douleurs encéphaliques très atténuées à l'époque de cette observation.

La pression exercée sur le rachis provoquait un endolorissement obtus sur divers points de la région cervicale et de la région dorsale. Les fonctions excrétoires n'offraient rien de particulier, seulement les urines étaient habituellement aqueuses, jumenteuses et odorantes. L'eau minérale fut prescrite à doses fractionnées et multipliées ; des douches froides furent promenées sur tout le corps et spécialement le long du rachis.

L'amélioration de toute la symptomatologie que je viens de dire fut tellement manifeste, que le malade ne tarda pas à se rendre sans aide à la source et même à se mêler aux promeneurs. L'appétit, aboli depuis longtemps, était revenu et avec lui des digestions bien plus faciles ; la physionomie, perdant son caractère de torpeur et d'hébétude, exprimait le bien-être et l'espoir. Des raisons majeures rappelèrent ce malade dans sa famille avant l'achèvement de sa cure : je n'ai plus eu de nouvelles de lui, à mon grand regret.

XIV

Affections métastatiques.

A l'exemple du tissu nerveux cérébro-spinal, tous les tissus splanchniques de l'économie peuvent être le siége des erreurs de siége de la goutte et du rhumatisme : pour celles-ci comme pour celles-là, je ne puis que répéter que, d'une part, leur fréquence est bien plus grande qu'on ne le croit généralement ; que, d'autre part, la puissance de substitution et de déplacement constitue l'un des meilleurs titres de la médication Contrexévillaine. Il ne me reste plus qu'à jeter un rapide coup-d'œil sur quelques faits spéciaux de cet ordre.

Soit dérivation, soit substitution, soit réhabilitation métastatique, les succès divers de notre traitement se relient souvent au rétablissement ou à l'improvisation du flux hémorrhoïdaire. L'opportunité d'une telle intervention est évidente surtout dans les congestions encéphaliques, dans les affections hépatiques, dans le néphrétisme hyper-urique, dans les états hyper-émiques de la vessie, de la prostate et de l'utérus.

La suppression de sueurs habituelles de quelque partie du corps et spécialement des pieds figure avec une certaine fréquence dans les antécédents des sujets atteints de néphrétisme essentiel ou calculeux, d'affections vésicales et de rhumatisme ou de complications métastatiques diverses ; j'ai soumis ce fait à une observation d'autant plus attentive que, je l'ai dit ailleurs, l'exhalation cutanée prend spécialement aux pieds le caractère nettement excrémentitiel dans la diathèse hyper-urique ; j'ai maintes fois reçu l'heureuse nouvelle du rétablissement de cet importante fonction de la bouche de malades en voie de guérison, chez un certain nombre même, des sueurs abondantes, odorantes et très acides, se sont fait remarquer dans les plis des aînes et aux aisselles.

J'ai secondé le plus possible cet heureux résultat de l'action de nos eaux par la prescription de douches et de lotions froides sur les points où il y avait indication d'exciter ces mouvements anti-métastatiques.

Un certain nombre d'affections cystiques, spécialement catarrhales et phosphatiques, coïncidaient ou alternaient avec des antécédents ou avec des manifestations herpétiques, ordinairement localisées vers les régions pelviennes inférieures et fémorales supérieures.

J'ai vu dans certains cas disparaître et dans certains autres reparaître ou s'exagérer les phénomènes herpétiques en même temps que l'affection concommittente s'amendait.

M. X....., président d'un tribunal de province, de constitution lymphatique, âgé de cinquante ans, vint à Contrexéville en 1854 pour un catarrhe vésical exempt de complication organique, accompagné d'un état érythémateux ulcéreux et squammeux des téguments du scrotum, du périnée et des aînes. Le malade avait remarqué des contrastes d'intensité manifestes entre ces deux affections. Toutes deux marchèrent parallèlement vers une amélioration rapide. Après vingt-trois jours de traitement, le résultat était complet ou ne pouvait tarder à le devenir.

M. C....., ancien négociant, âgé de soixante-douze ans, grand, énergiquement charpenté, de constitution lymphatico-sanguine, à poil roux, fréquente depuis quatre ans Contrexéville pour une affection calculeuse urique nettement constitutionnelle, et que l'usage de nos eaux a rendu très inoffensive.

Dans les derniers jours de sa saison de 1855, il rendit sans douleurs plusieurs calculs ; à la suite, ses urines charrièrent une telle quantité de sédiments uriques qu'elles semblaient en être entièrement composées ; de larges plaques érythémateuses humides s'établirent en même temps au voisinage des bourses et de l'anus. Ces phénomènes prirent les proportions d'une véritable révolution crisiaque, dont je n'ai pu suivre l'évolution ultérieure, mais qui exercèrent une très heureuse influence sur les habitudes morbides du sujet.

A son retour en 1856, il se félicitait du bien-être dont il avait joui pendant toute l'année et de son immunité absolue de toute crise néphrétique. Il ne lui restait plus de son affection tégumenteuse qu'un léger état squammeux.

Je terminerai ce qui a trait à ce mode d'action des eaux de Contrexéville par une remarque fondée sur un très petit nombre de faits, mais qui n'en doit pas moins être l'expression d'une propriété réelle et constante. Trois sujets, venus pour divers motifs et n'offrant plus aucune manifestation apparente d'affections syphilitiques constitutionnelles, pour lesquelles ils avaient subi des traitements plus ou moins de temps auparavant, ont présenté, dans le cours et sous l'influence de leur cure, une invasion syphilitique très nette et très franche, constituée par des taches cuivrées, par des ulcérations de la gorge, et, pour l'un des trois, par une petite tumeur osseuse de la voûte palatine. L'iodure de potassium, associé au traitement hydriatrique, m'a semblé tirer de ces circonstances une aptitude curative exceptionnelle.

NEUFCHATEAU. — IMPRIMERIE DE V. BEAUCOLIN.

www.ingramcontent.com/pod-product-compliance
Ingram Content Group UK Ltd.
Pitfield, Milton Keynes, MK11 3LW, UK
UKHW020343230726
13925UKWH00003B/945

9 782014 068405